青少年探索世界丛书——

变幻无穷的魅力建筑

主编 叶 凡

合肥工业大学出版社

图书在版编目(CIP)数据

变幻无穷的魅力建筑 / 叶凡主编. —合肥:合肥工业大学出版社,2012.12
(青少年探索世界丛书)
ISBN 978-7-5650-1168-9

Ⅰ.①变… Ⅱ.①叶… Ⅲ.①建筑艺术—世界—青年读物②建筑艺术—世界—少年读物 Ⅳ.①TU—861

中国版本图书馆 CIP 数据核字(2013)第 005306 号

变幻无穷的魅力建筑

叶 凡 主编　　　　　　　　　　　责任编辑　郝共达

出　版	合肥工业大学出版社	开　本	710mm×1000mm　1/16
地　址	合肥市屯溪路 193 号	印　张	11.5
邮　编	230009	印　刷	合肥瑞丰印务有限公司
版　次	2012 年 12 月第 1 版	印　次	2024 年 1 月第 3 次印刷

ISBN 978-7-5650-1168-9　　　　　　　　定价:45.00 元

目 录

最古老的砖城 /1

特洛伊古城 /5

爱神之城的谜团 /11

通天塔和空中花园 /16

殷墟的发现与发掘 /21

古埃及金字塔 /38

万里古长城 /46

迦太基古城 /57

土城遗址昌昌 /62

米诺斯的迷宫 /67

世界第一城——唐都长安 /72

弗德台地的"崖宫" /78

大津巴布韦遗址揭秘 /82

婆罗浮屠塔 /87

神奇的敦煌莫高窟 /92

独石教堂谜团 /98

千古之谜秦皇陵 /102

罗马大斗兽场 /108

特诺奇蒂特兰帝都 /114

巴米扬大佛探秘 /120

纽约帝国大厦 /124

芝加哥的艺术博物馆 /126

纽约世界贸易中心 /128

卫星城 /130

建筑物的颜色 /132

建筑的艺术美 /134

凝固的音乐 /136

建筑物与疾病 /138

地震与建筑 /140

生物给建筑师的启发 /143

动物与建筑 /145

植物与建筑 /148

建筑物与环境 /151

积木与建筑 /153

古老窑洞 /155

摩天大楼中的电梯 /158

石头——建筑材料的"元老" /161

神奇的粉末——水泥 /163

水泥古今与发展 /165

大理石 /167

轻巧方便的新房 /169

纸能造房 /171

建筑结构 /173

建筑工业化 /175

有声建筑 /177

玻璃幕墙建筑 /179

最古老的砖城

1880年，在现今巴基斯坦境内的哈拉帕发现了刻有象形文字的远古印章，但当时未引起人们的注意。1922年，印度考古学家巴涅尔吉在拉尔卡纳南方发掘佛塔废墟时，也意外地发现了大量刻有动物图像和象形文字的印章，他断定脚底下一定存在着远古文明的遗址。经多年的发掘，果然一座宏大的城市被清理了出来，人们给它取名"死人之丘"，译音为"摩亨佐－达罗"。它存在的年代上自公元前25世纪，下至公元前15世纪。其后在对印度河流域下游100多万平方千米的地区进行的普查、发掘中，先后有200多座类似的较小的城市遗址被发现。人们找到了印度河流域古文明的遗迹。

摩亨佐－达罗是人类古文明四大发源地之一印度河流域文明最大的城市遗址，位于今巴基斯坦信德省拉尔卡纳市以南24千米的印度河右岸，南距卡拉奇320千米。

在它掩埋于泥沙下、荆棘中的年代里，人们以为它是无足轻重的坟地。一旦清除覆盖物，还其本来面目后，人们惊讶得说不出话来了。难道4000年前能有这样漂亮的城市吗？

城市顶部已荡然无存，城基、房基却保存完好，街道、水沟更是历历可辨。城址呈长方形，占地7.77平方千米，估计当时的居民约有3.5万人。城墙、公共建筑和部分路面、上下水道，都用焙烧的砖砌成，是一座地地道道的砖城，摩亨佐－达罗以此有别于同时代世界各地常见的土城、石城。仅此一斑，便可窥见印度河流域古文明的发达程度。

城市布局显然是经过精心规划和设计的，棋盘似的道路网主次分明，上下水道相当完整。南北与东西主街十字交叉，宽9.15米，每隔一段距离设有路灯杆。每个街区366×275米见方，面积10万平方米，其间屋宇罗列，庭园错落，小巷穿插。多数房屋内有红砖砌成的浴室和水井，并且铺设了用陶管做成的下水道。通向室外街道的上水道用红砖砌成，形成贯通全城的水渠网。城中有一座容量很大的粮食仓库，地面铺砖，上下各有通风管道。市中心还有一幢大会议厅，说明当时工商业行会组织相当活跃。城内一角高处的上城，又称卫城，是一座建在9.15米高的人工平台上的城堡，以又高又厚的砖墙环绕，四周筑有防御用的塔楼。城内有一座高塔，一个带走廊的庙宇，一座有柱子的大厅，一座广达1063平方米的大浴室。其中一个浴池长12米、宽7米、深2.5米，用砖砌成，密不漏水，浴池周围有排水沟、水井和相应的建筑物。卫城为统治者居住地，但它既无宏伟的王宫，也没有发掘出武器，这或许可以说明当时的城邦是靠神权而不是靠王权和武力维持繁荣的。

在出土文物中，有用铜、银制成的塑像、首饰和用具，有色彩鲜艳、绘着圆周图案的红色陶器，有浅浮雕、镂有动物形象和象形文字的金属、陶、石、象牙印章，有青铜杆秤、贝壳尺、石质砝码等度量衡器具，有载重量颇大的船只，还有各种农具和棉花、胡麻、豌豆、椰枣、甜瓜、麦等作物的残留物。古城废墟下掩埋着许多人兽的骸骨，屋里、街头杂陈着男女老少的遗骨，有的一处竟有十多具，遗骨上留有斧砍刀劈的痕迹，四肢屈曲呈痛苦抽搐状。昌盛的文明交织着悲惨的残杀，给后人蒙上了重重迷雾。

公元初流传于世的印度古史诗《摩诃婆罗多》隐约地提示了摩亨佐-达罗的毁灭。史诗写道：

　　一个令人目眩的天雷和无烟的大火,
　　紧跟着是惊天动地的爆炸。
　　爆炸引起的高温使得水沸腾了,
　　水中的鱼熟了。

　　出土的2000多枚印章上带有文字符号,不少铜器、陶器上也刻有象形铭文;若能破解这些文字,古城秘密便可大白于天下。可惜至今没有人能读懂这些文字,只能对古城的消失作出种种互相矛盾的揣测。

　　摩亨佐-达罗文明大约维持了1000年。约在公元前3000年左右,俾路支的部落民开始跨越沙漠,向东迁移,去寻找更为理想的家园,最后终于在富饶的印度河平原定居了下来,发展灌溉农业,养羊植棉,于是在公元前2500年形成了印度河流域文明。印度河流域的棉花远近闻名,远古的巴比伦人叫它"信杜",希腊人称之"信顿",都跟今日的"信德"一音相似,由此可作为植棉业鼻祖的佐证。到了公元前1500年,摩亨佐-达罗等城市突然人烟绝迹,连遗址也被人忘却了。一个灿烂的文明竟然割断了自己的历史,实在令人迷惑不解。

　　持"人祸"观点的人认为,当地居民内部阶级矛盾激化,自相火并;或外族人入侵,杀人毁城,使城市变成废墟。被掘出的那么多残肢畸骸,即是人为毁灭的证据。然而,如此漂亮的城市和富庶的印度河平原,征服者何以舍之而去,而且周围广大地区的文明也随之同时消失,竟然几个世纪无人问津?这又使"人祸"之说难以成立。

　　从自然灾害来找原因,似乎更有说服力。公元前700年前后,地球有过一个地震活跃期,许多城市都在这个时候毁灭了。印度河流域诸城被大地震毁灭后,森林遭破坏,水土流失,气候变化,河道淤塞,河床抬高,洪水频繁,蝗虫、蚊蚋成灾,瘟疫流行,土地再也不能耕作,草场难以放牧,幸存者养不活自己,再也没有力量重建家园,只好背井离乡,迁徙远方，另觅家园。诸城同时期的颓败破落，城基、地面累累的碎石，地下排水管道的扭曲，都依稀可见猝不及防的灾变情景。

最新的一种灾变说，认为摩亨佐－达罗焚毁于"球形闪电"。证据是遗址中有大量烧熔的石块，整个城市有焚烧的痕迹。科学家说，由于宇宙射线和电磁场的作用，大气中会形成一种化学性能非常活跃的微粒。微粒越滚越大，形成一颗颗"球形闪电"，它的化学构成缩写是"φXO"，φXO一多，放逸出毒气，使古城居民中毒。随后一颗φXO爆炸，连锁反应，引发所有φXO大爆炸，冲击波到达地面，产生相当于原子弹爆炸的威力，摧毁了一切建筑物和生命，以致印度河平原上的城市同时毁灭，因而有了《摩诃婆罗多》那样的诗句。

φXO太玄了，中外古今史书上还没有哪个城市毁于"球形闪电"的记载。现代科学史上也没有这类记录。据说φXO爆炸的几率微乎其微，1910年在纽约、1984年在前苏联都出现过这种闪电，大地灼亮，曾使部分电路损坏，但未引发更大规模的破坏。若要毁灭

摩亨佐－达罗，至少要有3000多颗φXO同时爆炸；而要摧毁印度河流域文明，那该要有多少颗呢？真有这么凑巧的事儿？

以摩亨佐－达罗为中心的印度河流域文明的中断，绝非一城一地之事，而是大范围的同时毁灭。要解开这个谜，恐怕要几代人去研究，甚或永远也解不出来。

特洛伊古城

古希腊诗人荷马,大约在公元前8世纪写下了《伊利亚特》、《奥德赛》两部史诗,说的是公元前11世纪发生在希腊与土耳其之间的特洛伊战争。史诗流传久远,是史学界反复考证的不朽课题,而且还是欧洲戏剧、小说素材的源泉之一。然而,史诗没有史籍可以印证,连作者荷马本身也是谜一样的人物。或许根本就不存在一个特洛伊城,而史诗中的故事不过是虚构的神话传说?

故事是真是假

荷马史诗所叙述的特洛伊战争和特洛伊木马,离奇虚幻,比任何历史事件更能激发人们的想像。那还是在古希腊繁荣的迈锡尼文明的末期,富庶的特洛伊国声势煊赫,最小的王子帕里斯立志要娶"世界上最标致的美女"为妻。帕里斯访问希腊的斯巴达国,适逢国王墨涅拉奥斯外出奔丧。帕里斯对美貌盖世的海伦王后一见钟情,双双渡海私奔。墨涅拉奥斯归来后暴跳如雷,发誓要夺回海伦。墨的兄长、迈锡尼国王阿伽门农联合希腊各城邦,亲率10万人马远征特洛伊。希腊军队所向披靡,攻陷特洛伊一系列城池。在这场恶战中,各方天神积极介入,分助一方作战。希腊猛将阿喀琉斯杀死特洛伊主将、王太子赫克托。帕里斯为兄报仇,射杀了阿喀琉斯。

战争持续了十年,特洛伊城久攻不下。天神献策只宜智取。在雅典娜女神的指导下,巧匠埃佩欧斯造了一个豪华巨大的空心木马,弃于城外。希腊人佯装败退,乘船撤退,藏匿于附近的提涅多斯岛。打入特洛伊内部的希腊间谍西农,谎称木马是祀献雅典娜女神的供物,有了它就能使特洛伊城坚不可摧。特洛伊国能预测吉凶的公主卡桑德拉和祭师拉奥孔提出警告,力主毁掉木马。但众人抵挡不住木马的诱惑,还是把它当战利品拉进了城内。半夜,正当特洛伊人欢歌畅饮庆祝"胜利"之时,佯退的希腊军队悄悄返回城下。藏在木马中的勇士们跳将出来,偷偷打开城门。希腊军队一拥而入,全城陷于血泊和烈焰之中。特洛伊国王及王子身亡,男子被杀绝,妇女全部被掠走沦为奴隶。特洛伊从此沦为废墟,而"特洛伊木马之计"则成了一切从敌人内部搞垮对方的智谋的代称。

谢里曼发掘 3000 年前遗址

特洛伊城消失了 400 年,直到公元前 700 年才有希腊移民居住,起名伊里昂。公元 4 世纪罗马帝国统治土耳其,在伊里昂附近的君士坦丁堡建都。希腊人搬走,土耳其人迁入。后来伊里昂发生饥荒,全体居民弃城而去,遗下一座孤零零的土丘,土耳其人称之为希萨立克。英国学者麦克拉伦根据史籍寻踪觅迹,在 1822 年认定希萨立克就是荷马史诗中所说的特洛伊遗址,但没有人予以呼应。

德国人谢里曼(1822—1890),从小就能背诵荷马史诗,熟谙特洛伊城和特洛伊木马。14 岁时,谢里曼辍学当了学徒,22 岁开始经商而且发了财,但他晚上还是勤奋攻读,最后竟能精通 15 种语言。1868 年,谢里曼从商场引退,决心用他的百万家财致力于特洛伊的发掘事业。当时大部分学者认为特洛伊遗址可能在土耳其布那巴希村附近。谢里曼雇了一名向导,骑马到了这个偏僻的小村。他翻着荷马史诗对照,可就是怎么也对不上号。荷马笔下的特洛伊,自城池到海边半天能跑几个来回,而从布那巴希到海边要走3个小时以上,而且远近也找不到一丁点儿古陶瓷碎片。

谢里曼往北走了两个半小时,来到一个名叫希萨立克的山丘。这里距海只有1个小时的路程,山顶平台宽达5万平方米,居高临下,可控制整个平原,是建城造堡最佳的地址。特洛伊或许在这里吧?

1869年,谢里曼娶了志同道合的希腊妻子苏菲娅,她像海伦一样美丽。夫妇俩于1870年4月开始在希萨立克发掘,从山坡底下挖出数量众多的瓶罐、武器、家具、饰品,这足以证明此地是一个富庶城市的遗址,虽然还不能确定是否就是特洛伊城。

1871年,谢里曼雇佣100名工人一路掘进,掀掉他认为无关紧要的墙垣,挖了一层废墟又见一层废墟,就这样一层层剥开,竟然发现了七座不同时期被埋葬的城市。夫妇俩白天同工人在现场一起劳动,夜里筛选陶器、土俑、武器和工具残片,加以鉴定、分类。由于当时考古学技术还很落后,谢里曼也无法考证这些遗物的年代,更难以断定哪一层属特洛伊文化。

挖到1873年6月,工人们已经搬走24.8万立方米的泥土,获得大量文物。6月14日清晨,谢里曼夫妇下到8.53米深的坑里,看到一堆废物层下露出一件大青铜器,拨弄一下,它竟射出异样的金光。谢里曼轻声说:"金子!快打发所有工人回家。"苏菲娅立即宣布:"今天是谢里曼的生日,从现在起放假!"——人们欢天喜地回家去了,夫妇俩则用小刀挖土,挑出一件件金银器,严严实实地包在苏菲娅的围裙里。两顶金冕精美绝伦,大的金冕由近百根金链、1.66万块金片组成。回到家后,谢里曼用颤抖的双手,捧起金冕戴在苏菲娅的头上,轻声说道:"您就是海伦!"

谢里曼避开了土耳其政府的检查,将全部宝物从海路偷运到雅典,再转运出境回国,发了大财。不久,他向世界宣布他已发现了特洛伊国王的宝库。事实上,希萨立克山冈下埋着九座古城,谢里曼所得的不过是九座城当中的一个宝库,位于自上往下数的第八层的第二座城,年代比特洛伊更早几百年。荷马史诗所指的特洛伊城是在第六座城(从上往下为第四层),已被谢里曼最初掘出的沙土覆埋了。

谢里曼去世后,他的同事德普菲尔德继承其事业,从1893到1894年继续发掘特洛伊城,美国辛辛那提大学考察团于1932到1938年也再次发掘,终于科学地鉴定出了九层文化遗址。这九层废墟代表着房屋兴建、居住和最后毁坏的九个时期。在第一至第五时期,即公元前30世纪至前19世纪,特洛伊可能是个要塞,是特洛亚斯的首府,有国王的宅邸,相当于青铜器早期时代,其中的居民可能来自中亚细亚或叙利亚,也可能是希腊人的祖先。第六、七时期(公元前19世纪至前11世纪),确定为青铜中晚期时代,毁于特洛伊战争和火灾,毁灭后有4个世纪人烟绝迹。第八时期为希腊移民地时期。第九时期为希腊化时期和罗马统治时期。

谢里曼是第一个发现并发掘出特洛伊遗址的功臣,吃了苦头也发了大财。从现代观点看来,他的发掘带有相当的"掠夺性",城垣残址受到很大的破坏。

凭吊古战场

荷马史诗流传了两千七百多年，特洛伊战争更是脍炙人口，谁都想去现场一睹人类的上古文明，于是，土耳其出现了一个观光胜地：在当年谢里曼等人的发掘地上，人们除去浮土瓦砾，现出城垣和宫殿的遗迹。特洛伊城的哨楼和城门都用一方方巨石砌成，厚重坚牢；当年墙垣高十余米，以致10年攻而不克。东门内隆起的高地上，有一个长方形的废墟，杂陈着一截截大理石圆柱，那是供祀女神雅典娜的神庙遗址。城西和城南外的滨海平原为大厮杀的主战场，木马即从西门拖入城。整个南城建筑密集，有号称"圆柱大厦"的王宫，国王和长老们就坐在王宫哨楼上观战。南门是特洛伊城最大的城门。特洛伊沦亡后，波斯帝国薛西斯大帝、马其顿国王亚历山大大帝、罗马大将恺撒等都先后在废城上建过祭

场、剧场，进行大规模的祭牲活动，最多一次祭献1000头牛，一日时间血流成河，将土壤都染红了。古城前后期建筑重叠，形成一层层的废墟，最精彩的还是那匹模拟的特洛伊木马，高十余米，昂首挺立，内可藏几十人，立于城外林间空地上。未入古城遗址，便先睹木马，让观光客们精神为之一振。

特洛伊遗址所在的希萨立克，地处达达尼尔海峡出口的东岸，距海

6.5千米，今属土耳其亚洲部分的查纳卡莱省，扼黑海入地中海的咽喉，据亚洲、欧洲十字交点上，确实是难得的要冲位置。

没有写完的文章

希萨立克埋没了九座城市，文物之多举世无双，可惜在这里看不到陈列文物的博物馆，土耳其国内收藏的特洛伊文物也很少。德、英、美先后三次大规模发掘特洛伊，将大部分文物偷运出境，留给土耳其的已不多了。这些宝物或散见于西方各个博物馆，或流失于个人手中，数量究竟有多少永远是一个谜。土耳其政府一再呼吁各国归还特洛伊宝物，然而这又谈何容易？国家馆藏的可能收回一部分，私人收藏的还收得回来吗？不见宝藏真面目，特洛伊始终是个谜。

德国掠走的8750件宝物于1945年被前苏联当做战利品运走，土耳其和希腊都说那是自己的遗产，归属问题至今争论不休，前苏联则在一旁乐得独吞。1993年6月俄罗斯总统叶利钦访问希腊，透露欲将文物送回雅典展出。若能兑现，世人当可一饱眼福。然而，最近特洛伊古城又节外生枝，1984年一位墨西哥考古学家指出谢里曼搞错了方向，真正的特洛伊应该在古代的马其顿地区，即达尔提亚海滨的加贝拉村，从土耳其西移近千公里到了原南斯拉夫境内。好事者汹涌而来，小村庄加贝拉一夜间身价百倍，顿时成为考古旅游点。不过，企图否定谢里曼的定论为时尚早，不经认真发掘是判别不了真伪的。特洛伊之谜，尚待后人继续探索。

爱神之城的谜团

"阿佛洛狄忒"是古希腊性爱与美貌之女神,相当于古罗马的"维纳斯",掌管人间爱情、婚姻、生育、收获、狩猎、航海、战争诸事,法力无边,美貌非凡。西方很早就相传有一座奉祀女神的圣城,可能在希腊或地中海的某个岛屿,但寻寻觅觅千余年都不见其踪迹。20世纪60年代此城竟在土耳其出土,令人难以置信。不管怎么说,爱神之城都不该出现在土耳其啊!

一座湮没无闻的爱神之城

土耳其考古学家凯南·埃里姆20世纪50年代在美国普林斯顿大学进修,看到一份古罗马材料。上面说,土耳其有一座以爱神命名的城市阿佛洛狄斯,曾以雕塑闻名于世。他想起1904—1905年间有人在土耳其某地曾发掘出一个古罗马时代的澡堂,1937年还挖出一个公元1世纪的雕着花环头像的石楣,由于第二次世界大战而使发掘工作中断。爱神之城是不是在这里呢?

1959年,埃里姆率领考古队来到这个废弃已久的发掘点。它的方位在小亚细亚半岛西部西托罗斯山脉的山谷中,向西160千米即是爱琴海滨的名城以弗所,那里是西方七大奇迹之一的阿佛洛狄忒女神殿遗址所在地;向东50千米有座不出名的小城科洛萨。1961年考察队开始发掘,从农民挖渠不断碰到大理石碎块而放弃的工地下手,很快他们就挖出一个大理石头像,同早先挖渠掘出的石身残躯正好吻合。

第二年又发现一个会场,在会场旁边出土了一座相当完整的音乐厅,它一直埋在一片扁豆地底下。两年后在音乐厅后面又发现许多石头雕像。向前掘进与之相连的小山丘,原以为小丘是座卫城,结果是一座宏大的罗马式剧场(角斗场)。其后又发现澡堂、帝王圣庙、仪典甬道、法令碑文和无数雕刻品。到20世纪80年代,一座1500年前的城市终于重现在人们面前。

大剧场形状与古罗马剧场相同,半圆形石阶观众席,可容万人。剧场正面残存一堵长9.1米、高3米的"文件墙",犹如中国官衙和寺庙前面的照壁屏风。墙面刻满非常漂亮的希腊文字,乃历代皇帝下达的圣谕、诏书,是一个最有说服力的"档案库"。刻字载明年代,上限为公元前1世纪的罗马奥古斯都大帝(公元前63—公元14),下限到公元4世纪戈尔迪安三世时代。文中确证本城为阿佛洛狄斯。其中有恺撒批准本城享有地方自治权、捐税豁免权和爱神圣殿享有避难权的诏令。

遗址出现的爱神残片,唯有一组大理石浮雕比较清晰。女神头戴一顶装饰精美的王冠,脸容妩媚,全身披透明薄纱,两乳隆起,甚富女性美感。但神殿供奉的主神阿佛洛狄忒,形体残缺,面部模糊,已不可辨。

大量碑文显示,公元301年当时的物价法令对大理石、西瓜、牲口、豌豆、车轮等价格作了限制,违者"处以死刑",并表彰了大力神殿的祭司,他在生前捐建了大殿、宴会厅,死后又以遗产建了一座全长270米、可容3万人的运动场。碑文还记载了剧场竞技活动中公牛比赛的盛况。

通往克劳狄王朝两位国王的圣庙的仪典甬道,宽13.7米、长64米,两侧是三层楼高的墙壁,墙背建了商店、民宅;墙面嵌了许多大理石雕,大都是颂扬帝王和祭司的英雄业绩。

由是认定,阿佛洛狄斯不是首都,而是一座受罗马帝国保护的享有特权的奉祀爱神的国际城市,最盛时人口约达5万。几百年来,该城曾接待过来自各国的无数朝圣者,奥古斯都大帝曾经这样写道:"我从亚细亚所有城市中挑选了这座城市作为我的城。"当年阿佛洛忒斯神庙的祭司,就是本城当然的行政长官。

阿佛狄洛斯享有特殊地位,在于它的大理石资源和拥有世界一流的雕刻能手,它将石材和爱神雕像、各种石雕品源源不断运到曼德利斯港,然后装船销往罗马、希腊、埃及、约旦、利比亚、叙利亚等地。

古城的失踪始终是个谜。估计该城乃是在公元4世纪末一场大地震中遭到了毁灭,由于地方偏僻,遗址被泥沙湮没,终于被人遗忘。

爱神何许人也

地中海地区崇拜爱神,到处有阿佛洛狄忒和维纳斯的雕像。她的范本出在哪里?发源地又在哪里?谁是爱神的正宗圣城?

许多学者认为,爱神崇祀之风是从东方传入西方的,后又逐渐希腊化、罗马化的。至少在公元前3000年,塞浦路斯岛居民就崇奉以阿佛洛狄忒为名的爱神。在公元前8—9世纪的荷马史诗中,她就以天姿国色、到处风流的面目出现。

荷马史诗说,阿佛洛狄忒是万神之主宙斯和狄俄涅所生的女儿,配给锻冶之神、跛足赫菲斯托斯为妻,由于婚姻不相称,她与英俊的战神阿瑞斯通奸,被丈夫用网捉获。她脱身后,与神使赫耳墨斯交欢,生下子嗣。她在凡间有许多情人,最重要的是特洛伊城的牧人安喀塞斯,同他生了埃涅阿斯。她同阴间王后争夺美少年阿多尼斯,官司打到宙斯那里,宙斯判她们两人每年各与阿多尼斯同居4个月。古罗马人奉埃涅阿斯为先祖,历代帝王都自诩为爱神的后代,因而罗马的爱神庙、爱神雕像特别多。爱神在罗马,名字由"阿佛洛狄忒"演化为"维纳斯",含义与源流相同。

爱神的故乡

阿佛洛狄斯的爱神女像破碎模糊,已不可考。那么,藏于巴黎罗浮宫的米洛的维纳斯雕像,是不是爱神的原型呢?此像身高215厘米,胸围121厘米,腰围97厘米,臀围129厘米,是个体态丰盈的美女,由整块半透明的白云石雕成,做出浴状,上身裸露,下身披巾,两臂折断。此像作于公元前2世纪,藏在希腊米洛斯岛一个地洞小庙内。1820年被一名法国士兵发现,一位军官以廉价收购了这尊石像,献给法国国王路易十八。俄国文豪屠格涅夫赞此像"优美、健康,充满活力,庄严保卫着人性的尊严",现代世界形形色色的维纳斯裸体像,均仿自此像。她是米洛斯岛的土产,抑或阿佛洛狄斯匠人所作?无人可以作出回答,又是一个千古之谜。

在希腊萨洛尼卡市的亚历山大博物馆里收藏着一尊最古老的阿佛洛狄忒像,高43厘米,上身裸露,右手抬起,左手抱着吉他。罗得岛也出土一尊爱神像,高49厘米,题为《美神出浴》,据说是公元前1世纪该岛雕刻家狄扎尔萨斯的作品。雅典博物馆的"阿佛洛狄忒和盘",更加精巧。像高不到 1 米,爱神正在沐浴,全身赤裸,丑陋的"盘"闯进浴室向她调情,女神含羞带嗔,一手举起澡具打他,一手掩着羞处,一个小天使在他们身上嬉戏。3 个人物布局融洽,浑然一体。希腊有这么多公元前雕塑的爱神石像,该是爱神的故乡了吧?

荷马史诗中,有阿佛洛狄忒是"塞浦路斯的"一语。在这个岛国上,处处可见奉祀爱神的庙宇,首都尼科西亚博物馆陈列着一尊公元前 3 世纪以前的大理石雕像,她双臂皆无,头颅微昂,云鬓上翘,乳峰高耸,肩头搭一条类似浴巾的东西。最著名的帕福斯市的爱神庙,据说是阿佛洛狄忒的宗庙,庙前地中海湾的"爱神石",就是爱神的诞生地。3 块礁石泡在海水中,最大的一块露出海面 30 米,与别处的礁石毫无奇特之处。然而神话却说,阿佛洛狄忒是由涌浪扑打到三礁之上,浪花物化成人才降临人间的。本岛的女子都爱到这里洗脸沐浴,期望使自己变得美丽俊俏;外国游客到这里游览,都渴望一睹美神风采;青年男女到这里祈祷,希冀得到爱神的青睐。个别殉情者,泅过海面,攀上岩顶,高呼阿佛洛狄忒的芳名跃入大海。

哪里才是真正的爱神故乡?哪里又是真正的爱神之城?阿佛洛狄斯城的发现更引发了人们对这个千古之谜的好奇心和想像力。

通天塔和空中花园

巴比伦位于现今伊拉克首都巴格达以南88千米处的幼发拉底河畔,曾是两河流域的中心城市,为人类古文明的四大发源地之一。它的城墙、通天塔、空中花园,被西方史学界列为世界七大奇观之一。

今天的游人所见到的巴比伦城只不过是一片废墟。断垣残壁旁边复原了一座城门、一座希腊式七级圆形剧场、一座神庙,新建了一座博物馆,同时又建起了若干旅馆、商店以接待游客,至于千古传颂的通天塔、空中花园,那只能在博物馆的展览模型上一见了。

宏大的巴比伦城

公元前19世纪,这里崛起了强盛的巴比伦帝国,前13世纪,巴比伦被亚述帝国征服后,都城数度被毁。公元前7世纪末,新巴比伦王国再度兴起,尼布甲尼撒二世在位时,王国进入鼎盛期,不仅垫高了旧城洼地,而且重建了更大规模的巴比伦新城。公元前539年,新巴比伦王国落入波斯帝国手中,公元2世纪古都终于沦为废墟。

巴比伦城究竟有多大,是个什么模样?1899年,德国建筑师科尔德韦率民工200多人,前后发掘了15年,总共清除掉11.6~23.5米厚的瓦砾覆盖层后,终于找到了6.8~7.6米厚的砖砌城墙。由此证实,史书记载的数据是可信的。巴比伦城占地100平方千米,是当时中东最大的城市：外城墙全长 17.7 千米，内外包砖，中间夯土，宽可供四驾马车奔驰；城门 9 座，塔楼 250 座，青铜大门 100 个，其中北门（伊什塔门）为正门，高 14 米，表面装饰由彩色琉璃砖拼砌成的浮雕，共有图像 500 余幅；内城墙周长 8 千米，内外墙之间为花园和民居，犹太俘虏就囚禁在这里服劳役，外墙有城壕环绕，危急时放水注满；9 条主街以城门为起点，街面铺石板；幼发拉底河上跨有石桥，条条大街通向马尔杜克神庙（巴比伦守护神），其中中央大道，宽达 22.43 米，两侧是 6.83 米高的石墙，墙面装饰着张牙舞爪的狮子浮雕，实际上这是膜拜马尔杜克神的神道。

读者也许会有疑问，年代更为久远的埃及古建筑都能保留到今日，而巴比伦城何以荡然无存？其实，埃及古建筑多为石质结构，可长久保存；但巴比伦被地下水侵蚀，盐碱严重，洪水泛滥，再加上四野无石，建筑多用土坯垒成，因此极易软坍。古巴比伦用太阳晒干的"砖"造屋，实际是生土坯。新巴比伦虽略有改进，重点工程采用经火适当焙干的砖，特级建筑用琉璃釉面的砖，然而，人为的毁灭性破坏要比自然侵蚀严重得多，每一次战乱，入侵者总是肆意捣毁。如今巴比伦附近的村镇，用的砖多是古城的材料，砖上国王的印记隐约可辨。

人类最早的摩天大楼

《圣经·创世纪》提到巴比伦的通天塔。16 世纪比利时画家布鲁吉尔画了一幅想像图，状如密布蜂巢的山堡。德国人科尔德韦带队发掘，终在城南东北角发现一座拱形建筑基址，墙拱以石料、砖块砌成，当中有一口三眼井。这是他在古巴比伦城遗址上发现的唯一古建筑。他翻阅所有古代资料，认为这些拱是"空中花园"的支撑物，井是专为花园的浇灌开凿的。

后人在发掘马尔杜克神庙遗址时，发现一方刻有希腊学者希罗多德于公元前460年游览巴比伦时留下的碑文，上面载明了通天塔的尺寸和层数。人们循此找去，原来那就是科尔德韦所指的"空中花园"遗址。科尔德韦指鹿为马，将通天塔和空中花园的遗址搞混了。这个通天塔基址，是个长宽各90米的正方形大坑，底下积着地下水。科尔德韦将积水误认为是"三眼井"。两千多年来，当地居民挖砖建房，一层层扒下去，终于形成如今这么大的一个深坑。

通天塔始建于公元前17世纪汉谟拉比时代，为的是供奉马尔杜克神。塔基每边长87.78米，总高度也是87.78米，共7层，往上逐层缩小，成梯形金字塔形，最高层盖有神庙，外墙包着金箔，饰以蓝色的釉砖。纯金造的马尔杜克神半人半兽，端坐在金桌边的宝座上，面前放着纯金脚凳。此塔全部耗金量达26.07吨！用砖5800万块。祭祀时，成千上万人在国王的带领下，沿着宽阔的神道来到塔下，向神膜拜。

公元前13世纪以后，通天塔随城毁灭。公元前6世纪，尼布甲尼撒二世重建通天塔。公元前539年波斯王灭巴比伦时，被这座雄伟的建筑所倾倒，不仅禁止部下毁塔，还下令在自己的陵墓上造了一个类似的小塔。公元前484年前后，另一个波斯王薛西斯还是把它捣毁了。公元前331年马其顿帝国亚历山大大帝远征印度时，曾凭吊过通天塔遗址，为表示敬仰，他曾令10000名士兵清理废墟，费时两个月，终于显露出塔基。

今人描绘的通天塔想像图可能已相当接近于历史原貌了，但这终

究还是一个谜。特别是塔内结构,登塔楼梯造型,至今未见记载。现代人有必要重造这样一座塔吗?

空中花园迷雾重重

比起通天塔来,空中花园更是一个千古之谜,它没有墙基,也没有遗址可寻,连其占地面积和高度都没法估算。史书只有零碎的记载,史料称,空中花园高达110米,超过通天塔,两头连接内外城墙,仿通天塔成阶梯状层层升高,逐层种植花草树木,用人力引河水上山浇灌花木,并构筑人造溪流、瀑布等奇景。根据另一种记载,空中花园附筑于王宫旁边,是个占地1260平方米的四层土坛,高仅25米,层层栽植花草树木。可以肯定的一点是,空中花园是一座人造假山,靠人工引水上山,遍植奇花异木,用以美化巴比伦平原单调的景色。

人们之所以相信空中花园的存在,是因为历史上确实有过波斯公主远配巴比伦王,国王建了一座空中花园来抚慰爱妻的故事。公元前626年,长期受亚述帝国统治的巴比伦人民起义,新巴比伦王国宣告独立,并同伊朗高原上新兴的米堤亚国结盟,共同讨伐亚述帝国。公元前614年,两国军队会师于亚述城下,米堤亚国王将有闭月羞花之貌的公主许配给新巴比伦国王,进而使两国结成了更紧密的同盟关系。公元前

612年,联军攻陷亚述首都尼尼微,纵火并放水予以彻底毁灭,亚述帝国从此灭亡。米堤亚是个碧绿的山国,公主乍来一望无际的巴比伦平原,周围没有山峦起伏,树木又不多,沙漠热浪更是迫人,所以一直郁郁寡欢。巴比伦王下令建筑空中花园,意在仿造伊朗高原有山有水有树有瀑布的景色,让公主一回花园如回故国,消释思乡之愁。这一着果然见效,公主从此不思故国,与巴比伦王恩爱一生。

按照合理的想像,空中花园不可能高过通天塔,因塔顶供奉着至高无上的马尔杜克神,花园岂许超过神庙?空中花园肯定建在王宫旁边,张眼可见,出入才方便,随时可供公主赏玩。然而,谁又能撩去千年谜纱一入空中花园呢?哪怕仅仅是一睹它的风韵?

殷墟的发现与发掘

甲骨文的发现

甲骨文是我国商代刻在龟甲、兽骨上的文字,又称"契文"、"龟刻文"、"龟板文"、"龟甲文字"。它是我国现存最早、字形结构相当完备的一种文字,因为甲骨文记载的大半是占卜凶吉时的卜辞和占卜的记事,所以学者们常称它为"贞卜文"或"甲骨卜辞"。又由于它出土于殷商王朝都城旧址——现在河南安阳市西北的小屯村,所以又称"殷墟卜辞"、"殷墟文字"或"殷墟书契"。它的发现,改变了中国古代史尤其是商周史的研究面貌,并使中国古文字学有了一个新的分支——甲骨学。甲骨文的发现在学术文化史上,具有重大意义。

说到甲骨文的发现,有一个十分有趣的故事。

河南安阳市西北五里的小屯村,是历时273年的殷商王都。周灭殷后,此都湮灭,故后人将此处称为殷墟。小屯村农民耕作时,经常从地下翻出刻有文字的甲骨,不知为何物,就把它当作废物用来填井或索性抛入河中。

清光绪初年,小屯村的剃头匠李成染了一身疖疮,没钱医治,痛痒难忍。一天,他试着将那些扔在河边的甲骨拣来碾成碎粉敷在脓疮下,脓水很快被吸干了,疖疮不久也好了。这个剃头匠是个有心人,为了检验甲骨的"价值",就故意用石子在手上划个口子,再把骨粉敷上,血即时就止住了。更为奇怪的是,他把一根稻草用唾沫沾湿横向搁在甲骨上,这稻草总会转为竖向(这是古骨的吸潮性所致)。他把这些告诉村里人,一些上了年岁的人说这是神仙显灵,那些读书人则说它是"龙骨"。李成把"龙骨"拿到中药铺出卖,药铺以一斤六文钱的价格收进,再以较高的价钱远销到河南以外的地方。医药界从此识得"龙骨",并发现它除了止血外还有多种医疗功效。

甲骨有了身价,小屯村自然就掀起了一股挖掘热潮,小至几岁的娃娃,大至白发老人,大家争先恐后。方圆百里的人也闻讯赶来,搭棚建屋挑灯夜战起来。村里村外、田埂麦场,到处像是打地道战似的挖起了条条堑壕土坑,谁都想在此大捞一笔。

一个剃头匠的偶然发现,导致了凝结中国古代灿烂文化的甲骨源源涌向中药铺。不知是幸,还是不幸。

光绪二十五年(1899年),任国子监祭酒(相当于全国唯一一所大学的校长)的王懿荣害了疟疾,其家人从宣武门外菜市口"达仁堂"中药店抓来了一剂中药,其中有一味涩精补肾的药就是"龙骨"。

王懿荣精通医道,每贴中药都要经自己过目后才送去熬煎。这次,他照例把药拿来一一细看。忽然,他发现一块"龙骨"上有刀痕。仔细辨认,原来上面刻有一种前所未见的、似字非字的刻画符号。王懿荣是一位金石收藏家,尤其对中国的古文字造诣颇深。他发现,这"龙骨"上的字迹与他正埋头研究的铜器铭文相差无几。惊奇之余,断定此物不同凡响,立即亲自到药店用高价把刻有文字的"龙骨"全部买了回来。经反复揣摩研究,王懿荣认定其为殷商时代的一种文字,从而使甲骨文重见天日,为世人所认识:所谓"龙骨",原是商代卜骨,是珍贵的商王朝的档案。

此说最早见于1931年在北京出版的《华北日报·华北画刊》,一位署名为汐翁的人在刊物上发表了一篇题为《龟甲文》的文章,作了上述的介绍。后来,这种说法就成了首先发现甲骨文的一种比较通行的说法,广为人们所征引。

王懿荣辨识出"龙骨"的价值后,就四处重金收购,顿使"龙骨"身价百倍,涨到了每一个字二两银子。他一共收集到带有文字的甲骨千余片。他死后,全为刘铁云所得。

刘铁云即《老残游记》的作者刘鹗,他与王懿荣是好朋友。1899年王懿荣第一个发现甲骨文时,他也在北京,所以曾有人说甲骨文是他俩共同发现的。王懿荣死后,王家为了还债,将王懿荣生前搜集的甲骨全部卖给了刘铁云。刘铁云自己又委托一位商人奔走在昔日"齐、鲁、赵、魏之乡",整整花了一年,收购到甲骨约2000余片。刘铁云还把自己的儿子派去河南专门收购。这样,前后总共收集了7000余片。1903年(光绪二十九年),刘铁云择龟甲中字迹完好者1058片拓印为书,共六册,取名《铁云藏龟》。这便是我国甲骨文字印行之始。不久,朴学大师孙诒让考识部分文字,在1904年写成《契文选例》两卷,是为我国考证古文字之始。

罗振玉在刘铁云处看到甲骨文字,惊为奇货。也自1906年开始到处收购甲骨,并派人专至安阳采掘,共得甲骨达3万余片,为历来收藏家所不及。他先后编印《殷墟书契》八卷、《殷墟书精华》一卷、《殷墟书契后编》两卷、《殷墟书契续编》六卷,为历史学家提供了丰富的资料,对学术界的贡献极大。这里还应提到的是著名学者王国维。他根据发现的甲骨文,先后写出了卓绝的论文《殷卜辞中所见先公先王考》和一本厚厚的专著《戬寿堂所藏殷墟文字》,验证了《史记》中关于殷商30多位先公先王次序的记载，纠正了《史记》中的瑕疵，使《史记》中的《殷本纪》成为信史。

从1928年开始，国家正式有组织、有计划地，用科学的方法在殷墟进行发掘。到1934年，陆续进行了九次发掘，共发掘龟甲、兽骨6513片，择出3866片，编为《殷墟文字甲编》。从1934年到1937年又组织了六次发掘，共发掘龟、骨18405片，编为《殷墟文字乙编》。这些都是商代盘庚迁殷到纣亡国273年的遗物。从此我国研究甲骨文字的材料更加丰富而完整。

后来，郭沫若等把甲骨文的研究推向高峰，使研究甲骨文成了一门专门的学问。到1955年，由中国科学院历史研究所组织人力，编出《甲骨文合集》陆续出版，洋洋大观，集我国甲骨文文字之大成。在文字构造上，会意、形声、假借等比较进步的造字方法，在甲骨文上都已出现，可见它是一种具有严密文字规律的古文字。在坚硬的甲骨上，文字刻得整齐而美观，可以看出，那时已有相当高的篆刻技巧。学者推测，中国文字发展到甲骨文时代，至少已经过了两三千年的发展，才能具有如此高的水平。

殷墟的发现

安阳是我国第一个有文字可考的古代都城——商代后期王都的所在地。早在三千多年前，商朝的第二十位国王盘庚把国都从奄（在今山东曲阜）迁到安阳，即今河南省安阳市西小屯村，直到商纣王亡国，历时273年。

商朝后期这座都城的发现，要得益于甲骨文。商朝的统治者是十分迷信鬼神的，孔子就曾说商朝人办事是"先鬼而后礼"（《礼记·表记》），即先敬鬼神，然后处理政务事宜。他们认为龟甲和兽骨（主要是牛的肩胛骨)最有灵性,能通神灵,于是就用它们进行占卜,以取得神的指示:哪些事吉利,可以做;哪些事不吉利,不可以做。商王做任何一件事,都要通过龟甲、兽骨来占卜问神,并把结果的一部分内容刻在龟甲和兽骨上,这就是我们今天所见的"甲骨文"。这些用过的龟甲和兽骨,过一段时间后,就把它们挖个坑埋在地下。

著名甲骨收藏家罗振玉从甲骨文中发现了商王的名字,断定"实为殷室王朝之遗物"。他经多方打听,方知甲骨出自河南安阳。他把《史记·项羽本纪》中"洹水南殷墟上"这一段文字,与之联系起来,还亲自到安阳查访古物,后写有《洹洛访古记》一书,记载其事。安阳小屯作为商代后期的王都就这样被发现了。

殷墟的发掘

1928年10月13日,不是一个普通的日子,它早已被载入了殷墟考古和中国考古学史的史册。在当时的中国历史语言研究所的直接领导下,殷墟历史上第一次科学发掘开始了。其后至1927年6月第十五次发掘结束,10年间共发掘了15次。这15次发掘,可以分为5个阶段。这5个阶段,无论在组织上、设备上、方法上以及其他方面,都有相当显著的区分和发展,也都取得了相当引人注目的成绩,出土遗物十分丰富,遗迹亦发现很多,殷墟的所在地——小屯村从此一步步走向了世界!

从第一次到第三次的殷墟发掘,重点都放在搜求甲骨上。因为刚开始的缘故,一切设备都很简陋,工作方法也是摸着石头过河,难免幼稚,发掘范围仅限于小屯村中和南北一块不大的地域内。而且工作人员很少,董作宾加上河南省政府派来参加的郭宝钧、张锡晋以及临时工作人员,合计只有6人,而工人也只有15人,可以说仅仅是几次规模较大的试掘而已。这几次发掘共发掘了 40 个坑,揭露两 280 多平方米的面积,掘获石、蚌、龟、骨、贝、玉、铜、陶等器物近 3000 件,获得甲骨 854 片,其中有字甲骨 784 片,收获颇丰。

第四次到第六次考古发掘,参加的工作人员增加了,发掘范围也随之不断扩大。而且在第四次发掘中,不仅出土有甲骨,还发现了许多地点的建筑遗迹。这就说明,假如这小屯真的是商代后期都城的话,这些遗址则很可能就是商王居住的宫殿遗迹,因此,从这次发掘开始,发掘工作的重点由搜掘甲骨渐渐转变到寻找和研究这些宫殿基址上。发掘地点也由小屯向四周辐射,先后发掘了四盘磨、后冈、侯家庄、霍家小庄、花园庄等处遗存。

1934 至 1935 年,殷墟考古又进行了 3 次发掘,在第八和第九次的发掘中,考古队在后冈发现了殷商时期的大墓,墓的建筑规模宏大,为商代上层统治者的墓葬。这给发掘队员们以有益的启示,告知人们殷墟不仅仅有宫堂殿室遗址和遗留下来的各种古物,还有规模巨大的殷代王陵!因此,从第十次发掘到第十二次,王陵的发掘成为殷墟考古的主要课题。

经过广泛的调查和探寻,考古队初步断定殷商王陵位于西北冈。西北冈地处小屯村西北,洹河北岸,其地势略高,很可能是大墓的所在,占地面积大约 60 亩。这样大的面积,仅有人的考古队无力全面挖掘,发掘只能分区分期进行。以西北冈冈顶为界划分为东、西两区,首先在西区发现大墓 4 座,在东区则发掘了 411 座小墓。西区 4 座大墓均有四条墓道,墓室面积在 300 平方米以上,都经古代和近代多次盗掘,大宗随葬物被劫掠一空,但劫余的随葬品仍然十分可观,总计数量近千件,其中以 1004 号大墓中出土的两件大方鼎堪作代表。方鼎出土于墓道与墓室交界处,因其不在墓室内而侥幸躲过了盗墓者的洗劫。两件方鼎器体硕大，其上分别铸有牛、鹿纹，不仅牛、鹿形象逼真，而且空余处衬以夔纹、云纹等多种装饰，具有浓郁的殷商铜器狞厉之美的风格。可惜1949年大陆解放前夕，这两件精美的方鼎连同殷墟的全部收获，被悉数运往台湾，至今两岸仍然没有统一，大陆的人们仍然无缘一睹其庐山真面目。

从第十次到第十二次考古发掘，殷墟考古队在侯家庄西北冈共发掘大墓10座、小墓1228座。大墓一般有四条墓道，也有两条墓道者。向南的墓道大多较其他墓道宽且长，最长的达到32米。墓室深8米以上，墓室底部正中均有方形小坑，又称"腰坑"，内埋殉人或狗。四角有的亦有小坑，埋有张口蹲踞状的殉人，从殉人埋葬时的情状看，殉人是被活埋的。墓室的二层平台上，除放置各种器物，亦埋葬殉葬的奴隶，有的身首异处，有的剪缚双手。一个大墓的殉人，多的达到一两百人以上。墓中殉人的地位与墓区内小墓中的殉人相比，无疑更加低下，可能是俘获的战俘。这些考古材料的新发现，对研究殷商社会具有重要的价值，考古工作者正是从这里开始，凭借在殷墟发掘中发现的宫殿和王陵以及丰富的随葬器物，逐步进行深入研究，极大地弥补了古文献记载的不足和缺环，为后世的甲骨学乃至殷商考古奠定了基石。

1936年3月开始的第十三次发掘是激动人心的。按既定日程，6月12日结束本次发掘，但收工之前奇迹出现了。下午4时，在编号H127的坑中发现了许多龟板，主持该坑发掘的王湘先生仅用一个半小时的时间就在不到1立方米的土中起出了3670片龟板。考古工作者准备于次日用一天的时间把它肃清，但到第二天太阳落山，也只取出了上面的部分甲骨。看来，要想在短期内完工是不可能的。夏日的安阳，骄阳似火。考古队员一致认为，应把它作为一个整体取出。于是，他们用了4个昼夜，终于把这块重6吨多的甲骨堆挖了出来。为安全起见，还派一个"自卫团"日夜守护。在当地民工的通力配合下，他们把它装进大木箱，用铁丝捆绑结实，最后终于在 7 月 4 日搬上了开往南京的火车。在史语所总部，胡厚宣先生带三四个人开始了半年之久的室内"挖掘"，剥出甲骨 17096 片。H127 坑是在殷墟发掘中获得的一次最大的成就和业绩，被称为"地下档案馆"。

第十四次、第十五次发掘在前面 13 次的基础上继续扩展面积，主要目的在于完成与甲骨文同时的建筑基础的考察。这两次发掘同样获得了一些很有价值的材料，诸如居住的半地穴房屋遗址、储存各类物品的窖穴以及车马坑。半地穴房屋与高大宽敞的王宫形成的鲜明对比，说明了殷商时的社会性质，已经进入到奴隶社会；而车马坑发现的车、马则向人们展示着早期马车的形制。甲骨文中"车"字的写法很多，有十余种，生动地描绘了一马、双马拉车的象形，这次发现的车马坑中，还发现了四匹马拉的车子，这是今天研究和认识古代中国有轮马车的难得资料。

司母戊大方鼎的发现

1937 年 3 月至 6 月的第十五次发掘之后，仅隔 18 天，七七卢沟桥事变爆发了，日本悍然发动了侵华战争。随着华北地区的沦陷，地处河南安阳的殷墟亦无法幸免，殷墟的考古发掘工作被迫停止。1939 年，一件无价珍宝终于被发现了：盗掘者在当地农民吴玉瑶家的田中（西北冈东区）发现了器体巨大的铜质方鼎。只从其初露的鼎耳上看，这件方鼎即不同一般，这令盗掘者欣喜若狂,发大财的机会终于来了!但鼎的形体庞大,要挖出确属不易,而此时天色渐明,这些人只得重新掩埋,做好标志,相约明日再来挖掘。经过几番折腾,这只大鼎的真面目大致显现在人们面前,然而不看则已,初见大鼎的人们个个目瞪口呆。大方鼎从底至耳通高 137 厘米,口部长度 110 厘米、宽度 77 厘米,如此巨大的方鼎是前所未有的,其珍贵程度可想而知!但是,任凭人们左摇右晃、猛拉死拽,大鼎却根本不动分毫。在各种办法想尽仍不见效后,他们只得以锯下一只鼎耳而结束,这件稀世宝鼎此后被重新埋入地下。几位盗掘者相约决不泄露秘密,等待恰当时机,继续他们的发财梦。这事不知怎么传来传去,竟让日本侵略军听到了一些风声,遂派人到村中寻访,还派遣了大约一个连的士兵在殷墟上找来找去,企图探寻宝鼎的下落。几位盗掘者虽然都想发财,却不愿中国的宝物落入日本侵略者的手中,他们很好地坚守了秘密,还拒绝了日本人出价 70 万元的诱惑。但他们担心日军找不到宝鼎会进行报复,只好忍痛割爱,将另外一只鼎交了过去,才得以蒙混过关。大方鼎从此一睡 7 年。直到抗战胜利后的 1946 年,这座宝鼎才被挖掘出来,得以重见天日。后在内战中辗转流传,始归南京博物院。全国解放后,此鼎被调拨到北京中国历史博物馆,进入我国最高的历史文化和艺术的殿堂,它就是今天人们熟知的司母戊大方鼎。其历经坎坷,几经风雨寒暑,终于找到了它的归宿。这座大方鼎重量达 875 千克,难怪发现它时,人们费尽九牛二虎之力,也没有能够移动它。它不仅是殷墟考古史上,也是我国目前所发现的最大、最重的青铜器。它不仅反映出殷商时代冶铸青铜的高超技艺,也为我国古老、灿烂的文明书写了光辉的一页!

武官大墓的发现

在1950年的春天,新中国对殷墟的首次科学发掘开始了。

他们在挖出司母戊大鼎的武官村北发掘了一座大墓,即武官大墓。该墓墓室南北长14米、东西宽12米,墓口至墓底腰坑深8.4米,有南北两出墓道,长都在15米以上,平面呈"中"字形。墓室椁棺,从四壁印痕可以看出,椁底用30根圆木铺垫,椁的四面由9层原木井字形交叉相叠而成,椁顶也用原木铺就,外设夯土二层台。武官大墓早年被盗掘、焚毁,发掘者仅得鼎、簋、爵、彝、卣、刀、戈、镞等青铜器和玉佩饰、石器。石器中的磬是我国现存最古老、最完整的大型乐器之一,它正面刻有虎形装饰,悬挂轻轻敲击,可发出清扬的乐音。腰坑殉一执戈奴隶,东西二层台上布满人殉坑,排列有序,共计殉人骨41具。墓室上部填土中还发现人头骨84个。另外,南墓道埋殉1人、1犬、12马,北墓道也有2人、4犬、16马。总计为武官大墓殉葬的有79人,这些殉人根据埋葬部位及出土时的情况,可判断为墓主人的生前侍从、姬妾及奴隶等。

妇好墓的发现

1976年在小屯村北偏西约100米处,发现一座南北长5.6米、东西宽4米的长方竖井形墓。这座墓深埋于当时的地面下7.5米,因而保存完好,未被盗掘。墓中出土的大量铜器铭文中有"妇好"二字,现称其为"妇好墓"。墓内随葬物保存完整,计殉人16具,狗6只,葬品总数达1928件,其中有青铜器468件(青铜礼器200余件、兵器130余件)、玉器580件、石器63件、宝石器47件、象牙器3件、陶器及蚌器数十件,另有海贝 6820 多个,仅青铜器的总重量就达 1600 多千克,其中一件铜器铭文中有"司母辛",在一件石牛上也刻有"司辛"的文字,知道妇好死后的庙号为"辛",她即是武丁另一位称作"辛"的妻子,甲骨文中称作"妣辛"。"妣"是对祖母以上女性的尊称。妇好的活动,常见于武丁时期的甲骨文,她主要从事战争,被称为我国最早的一位女将。如有一次她曾带领自属 3000 人的军队,与王室的军队 1 万人出征。这与妇好墓出土有大量兵器相印证。各类器物的造型、雕琢都达到了极高的艺术水平,因此,妇好墓被认为是 3000 年前的艺术宝库。

妇好墓中还发现了 4 枚铜镜。商代铜镜早在发掘侯家庄 1005 号大墓时已经发现一枚,但仅见一例,许多学者怀疑其可靠性,这次发现的 4 枚,证实殷代已经铸造而且使用铜镜。铜镜的使用,极大地促进了人类的进步和文明的发展。

殷墟发掘成果综述

从 1928 年,当时的中央研究院历史语言研究所开始在小屯进行科学的发掘,至今已有七十余年发掘的历史。这七十余年的考古发掘,基本上探明了商代后期这座都城的规模和布局。

殷墟遗址位于安阳市西北郊的洹河两岸,面积约 30 平方千米。东起郭家湾村,西至北辛庄,南起苗圃北地,东北至三家庄。其中洹河南岸的小屯村东北地是商代的宫殿、宗庙区,其周围分布有手工业作坊、一般居民住址和平民墓葬等;洹河北岸的侯家庄与武官村北地是埋葬商王及其亲属的王陵墓区。

小屯村东北地是商王都的宫殿及宗庙区。从 1928 年开始,至今已发现 54 座夯土建筑基址。这组基址反映出当时宫殿的面积、规模十分壮观。有的基址南北长 85 米、东西宽 14.5 米，面积达 1232.5 平方米。这样规模的一座建筑，在今天看来也是不小的，何况是在 3000 年以前呢！

宫殿、宗庙是商王们居住和进行政治、宗教活动的场所。商代王宫的防御体系是利用洹水和人工挖掘的壕沟构成的。宫殿宗庙区的北边和东边都濒临洹水，西边和南边则是用人工挖的壕沟作为护城河。经过考古探查得知，在宫殿宗庙区以西约 40 米处，有一条从洹水南岸起，向南延伸 750 米到达花园庄西，再东折抵洹水的深 5~10 米、宽 7~21 米的大壕沟。这条壕沟首尾同洹水相连，与洹水把宫殿宗庙区围成一个环岛，这在当时的战争水平下，是完全可以起到防御作用的。大批的甲骨就出土在这个宫殿宗庙区内。

在宫殿区以外，分布着平民居住区、手工业作坊区等。当时王室和贵族所使用的青铜器、玉器、骨器等有相当部分是在王都附近的作坊内制造出来的。在宫殿宗庙区以南 0.5 千米处，现今有一苗圃，在苗圃北，考古工作者发现了一个规模很大的铸造青铜器的作坊。这里发现有铸造青铜器的陶范一万多块，还发现有工棚、作坊工人居住房等遗迹。在这个铸造铜器的作坊内只发现有铸造铜器的陶范、铜块、用于熔化铜块的坩埚等，却没有发现炼铜的遗迹如铜矿石、炼炉、炼铜炉渣等物。可以推知，在商朝这里只铸造铜器而不炼铜。原料是从其他地方运到王都的。商代的铜原料当来自南方，西周时有所谓"南金"之称，《诗·鲁颂·泮水》说：

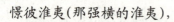

憬彼淮夷（那强横的淮夷），
来献其琛（前来贡献珍宝）。
元龟象齿（特大的龟，洁白的象牙），
大赂南金（大车载着南国的金铜）。
古时"金"是指铜，不是今天所指的黄金。南方向中原王朝运送铜有

专门的道路,称"金道"。制造青铜器离不开锡,铜锡合金才成为青铜。"道"和"行"都是指道路。近年来湖北省黄石市的大冶,湖南省的麻阳,江西省瑞昌县的铜岭,安徽省的繁昌、南陵、铜陵、贵池、青阳等县都发现规模相当大的古采铜矿的遗迹,有的矿井中还出土了商代的用器。

殷墟铸铜作坊除苗圃北外,在薛家庄、孝民屯也有发现。从这几处铸铜作坊遗址出土的陶范分析,各处所铸铜器还不相同。苗圃北地所铸的主要是礼器,如鼎、簋、觚、爵等,用于祭神;薛家庄和孝民屯铸造的主要是生产工具和兵器,如刺杀的矛等。这说明手工业内部已有一定的分工。

在宫殿区以西的北辛庄和宫殿区的北边,洹河以北的大司空村,发现了商代制造骨器的作坊。所制造的器物有凿、锥、镞(箭头)、束发的笄(簪子)等,笄特别多;大多是骨料、半成品的和部分成器。商代人不论男女都留长发,当时人们是不剃发的,都是把长发盘在头上,用骨簪子束住。

商王都范围内,在埋葬死者时也是有讲究的,身份不同的人,各自有一定的埋葬地。洹水以北的侯家庄和大司空村是埋葬商王及其夫人的。在那里已发现13座大墓,被称为"王陵区"。

王陵区的布局,墓葬的分布,显然分为东、西两区。西区共八座大墓,除一座假墓外,都是带四条墓道的。东区五座大墓,其中一座带四条墓道,三座带两条墓道,一座带一条墓道。在东区大墓群间除有少量的中小型墓外,还有大量的"排葬坑",即殉人坑,坑内被砍杀的人,是用来祭祀大墓的墓主人的。

这些大墓中都有丰富的随葬品,可惜全部被盗掘一空,只偶尔存留下一些劫余的物品,但也可看出当时王室使用器皿的豪华。如相传出自东区的一座"甲"字形墓中的司母戊大方铜鼎,重达875千克,是目前世界上已发现的最早的一件青铜器,堪称青铜器之王。"司母戊"鼎是商王祖庚或祖甲为他们的母亲做的铜器。武丁有一妻子死后庙号为戊,"母"是武丁之子对她的称呼,"司"是祭祀之意(也有的读作"后母戊",后是女主之意)。这座墓当然是武丁之妻的墓了。宫殿区东南的高楼庄后岗村,是商代贵族的墓区。在宫殿宗庙区以西的白家坟西、北辛庄南、梅园庄及郭家庄北,安阳发电厂东的范围内,是大批的小型墓,是商朝平民的墓葬区,被称为"殷墟西区墓地"。

神奇的工艺技术

殷墟出土的物品中,值得注意的还有那墓内随葬器物的组合,这些器物都是从不同的墓中出土的。大中型墓多有觚、爵等酒器随葬,小型墓也有少量的陶质酒器,这说明用酒器随葬已成为一种风尚。史载商代后期社会饮酒成风,酗酒已成为严重的社会问题。人们向往在地下仍能像生前那样豪饮,因此以酒具伴随左右。

商代已是高度发达的青铜时代,有着极为高超的青铜冶炼和铸造技术。据不完全统计,殷墟出土的青铜器有5000多件,器类有鼎、簋、方彝、尊、觚、壶、瓿、卣、缶、觯、斝、爵、盂、盘、罐及锛、凿、刀、铲等几十种,可分为食器、酒器、水器、工具等类。它们造型奇特生动,纹饰华美,气魄宏伟,表现出精湛的铸造技术。武官村出土的司母戊大方鼎,通耳高1.33米,横长1.10米,宽0.7米,重达875千克。制作这样一件器物,要采用分铸法,先铸鼎耳,然后将耳与鼎身铸接在一起。鼎身四面每面要用2块范来铸,器底用范4块,四条腿每条用范2块,铸成这件大方鼎共用范20块。殷墟出土的熔铜坩埚,类似倒置的将军盔,其口部直径约83厘米,一次可熔铜12.5千克,要浇铸出司母戊大方鼎这样的杰作,至少需要200人的通力配合,若加上制模、雕花、打磨等工序,其用工量就更为可观了。用现代科技手段进行的定量分析结果表明,该器是用铜、锡和铅三种元素的合金铸成,三种金属元素所占比例是:铜 84.77%、锡 11.64%、铅 2.79%,正合《周礼·考工记》记载的"钟鼎之齐(剂)"。这种青铜配剂法是商代工匠长期铸造经验的总结。商代青铜器上的纹饰也多种多样,有几何形、动物形表现人事活动的图案,有平雕、浮雕、浅浮雕等多种手法,刻画细腻生动,情趣盎然。

殷墟遗址和墓葬中除了有大量青铜器出土外,还有精美的玉器、石器、象牙器相伴出土。就妇好墓所出土的 580 件玉器来说,它们可分为:礼器,有琮、圭、璧、环、璜、璇玑、簋、盘等;仪仗器,有矛、戈、刀等;工具及生活用具,有斧、凿、锛、锯、铲、镰、纺轮、杵臼、耳勺、匕、梳等;装饰品,有簪、镯、串珠、玉人、龙凤、怪兽及各种动物。妇好墓出土的玉雕动物达 27 种,大多为现实生活中常见的飞禽走兽。匠人们运用线雕、浮雕和圆雕等不同手法,形象表现了各种动物的姿态,线条流畅,栩栩如生:玉龙雕刻,昂首张口,做腾空而起之势;玉凤短翅长尾,飘然欲飞。十多件玉雕人像,呈跽坐姿势,就像日本人坐在榻榻米上。这些人像,浓眉大眼、高高的颧骨,有的戴冠,有的盘发,有的着装整齐、长袍边上绣几何形图案,有的赤身裸体,再现了 3000 年前形态各异的中国人。这批玉器不仅造型多样、品种齐全,其出土时的湿润晶莹、光泽鲜明,说明商代后期雕琢玉器的工艺和抛光技术都已达到了相当高的水平,当时很可能已出现利用轮子来带动蘸着研磨砂的圆形工具对玉料进行琢制的工艺了。

石器的琢制也是匠心独特,与玉器相映成趣。礼器有罐、豆、壶、瓿、盉、觯等，乐器有石磬，工具铲、杵等都具有实用的价值。用于建筑物上的大型石雕动物，如熊、虎、猫头鹰等，背上都有一个深槽，以便嵌入墙上的突起部位。

象牙器的数量虽不多，但制作精美，丝毫不逊于玉器，且更显得富贵华美。其中，妇好墓出土一对用象牙根部雕刻的杯就是不可多得的古代瑰宝。一件杯口外撇，唇薄如蛋壳，形体类似酒器觚，腰身有把手，把手中部外侧刻一兽面和兽头，杯的通体雕满精细花纹，分组排列，各组纹饰之间用绿松石镶嵌的细线隔开；另一件带流虎杯，除全身饰满花纹外，在把手的下端还雕出一立体的老虎，虎头朝上，臀部突起，尾上卷，四肢前屈，像正在行走，使整个牙杯充满了活力。殷墟制骨作坊遗址曾发现小型青铜刀、锯、钻和粗、细砂岩砺石等制骨工具，用这些工具同样能对质地坚硬的象牙进行裁、剖、削、磨等整治加工，充分发挥青铜工具锋利、坚韧的优点。但对牙料进行更加细密的加工，雕刻出与铜器、玉器媲美的器型、花纹，且线条卷曲自如、刻度深浅适宜，成为别具风格的艺术作品，仍不是件容易的事。远古精湛的工艺技术是怎样产生的，精美的工艺制品和青铜器是如何产生的，一直是个不解之谜。

盘庚当上国王的时候，国都在奄，即今山东省曲阜。商朝的疆域西边已达今陕西中部西安一线，南到湖北省北部，北抵河北省中部及山西省的中南部。而国都奄却偏在东边，以当时的交通条件，如何能对远在

西边的广大地区实行有效的统治?

另外,当时威胁商朝安全的敌人大多在西方和北方,如强敌羌方在今陕西省西北地区,土方和邛方更是西北方最活跃的两支劲敌,都在今山西境内。武丁从殷墟出发,曾多次讨伐过数十个方国;若是都城仍在奄地,武丁要完成这一系列的战事是有困难的。盘庚说他迁都前居奄地时商朝像一棵倒地的大树,他的迁都是要使"颠本之有由蘖"(见《尚书·盘庚》),是使这棵倒地的"大树",重新长出新枝来,以恢复"先王之大业"。他要在此地"绥四方",治理国家,气魄何等宏大!

盘庚迁都后,商朝重新强大起来,武丁灭国数十。在甲骨文中,土方、邛方强敌,逐渐不见记载,是被武丁灭掉了。对羌方,此后作战也大为减少,因为羌方被严重地削弱了。商朝后期,是经济、文化发展的最高潮时期,大批的有系统的甲骨文字,精美的青铜器、玉器、象牙、兽骨雕刻器等,在质量、数量、工艺水平上都大大超越前期。若没有盘庚对都城地理位置的正确选择,就没有商朝的复兴。殷墟所反映的高度发达的商代文明,与建都位置对国家所起的作用是分不开的。

古埃及金字塔

在埃及首都开罗西南 10 千米的吉萨郊外、尼罗河西岸的沙漠上，三座金字塔直插蓝天。它们体现出永恒、稳定、简洁、雄伟、庄严之美，被列为西方古代七大奇观之首。

巍巍金字塔

金字塔是帝王的陵墓，四边呈三角锥形，如汉文的"金"字，故称金字塔。远古埃及王法老（国王的称号）一登基，便开始建造自己的陵墓。吉萨三塔即公元前 2600—前 2500 年间，古埃及第四王朝法老胡夫（奇阿普斯）祖孙三代的陵墓。

吉萨三金字塔以胡夫金字塔最大，塔基占地 5.29 万平方米，正四边形，每边各长 230.6 米，因长期风蚀，今仅剩 227 米。金字塔斜面正对东西南北四方，倾角 51°52′，组成四个等边三角形，成为立锥形的庞然大物。塔表面原有一层磨光的石灰岩贴面，今已剥落。塔原高 146.6 米，今沉陷剥蚀余 137 米，相当于 40 层摩天楼之高。胡夫金字塔用平均重 2.5 吨的 230 万块巨石垒成，总重 600 万吨。石块之间合缝严密，不用任何黏合物。塔内建墓室，以一块 400 吨重的石块覆顶。墓室出入口开在北坡离地 17 米处，并有几个通气孔打穿塔身直通野外。塔外配有祭庙和同时代埋葬的王室、贵族、将相的小金字塔，现多已坍颓。根据计算，此金字塔必须有 10 万名劳力连续工作 30 年，才能完成如此浩大的工程。

塔侧祭庙前耸立一尊狮身人面像，名叫"斯芬克斯"，利用露出的岩石就地凿成。它原长 73.3 米，高 22 米，脸部直径 4.1 米，耳长 2 米，鼻长 1.7 米，胡须长 75 厘米。

胡夫儿子的金字塔，即哈夫拉金字塔，比胡夫金字塔略小，塔基边长 216 米，原高 143.5 米，今蚀余 129 米。

胡夫孙子的金字塔更小，称孟卡乌拉金字塔，塔基边长 109 米、高 66.5 米。

从开罗遥望，三大金字塔高耸于晴空之下，好像是群山的高峰，令人叹为观止。站在塔下，那巨大的形体和重量，给人一种精神上的压力，直感到挺不起腰来，顿时被帝王的绝对权威所折服。

如此规模的巨型金字塔，仅限于古王国第四、五、六王朝时期（公元前 2613—前 2181 年），前后共有 20 多代法老。此外，还有许多微型的贵族金字塔，大大小小至少有 500 座吧。埃及至今已发现金字塔 85 座，其中经过严格考证的 47 座中有 20 多座在吉萨沙漠中，多从沙底挖出，残破颓朽，墓中财宝被盗窃一空。包括吉萨三大塔在内，塔周的祭庙、陵道、回廊等附属建筑多已荡然无存。

早在公元前 2890 年，埃及帝王就开始大规模营建陵墓。最初是平顶长方形的大坟堆。公元前 2686 年发展为 6 级、70 余米高的梯形高坛，

公元前2600年前后已臻于完美，出现锥形的金字塔。公元前2181年埃及各地方贵族崛起，中央集权制瓦解，法老再也无力建造大陵墓，只好将就栖于低矮的弯形、四方立锥形的小塔内。公元前1991年，埃及政治中心转到尼罗河中游山区的底比斯，为防盗掘，王陵逐渐改建于深山岩穴中，金字塔终被淘汰。

在世界其他地方，如苏丹、埃塞俄比亚、希腊、意大利、印度、泰国、中国和西亚、拉丁美洲也有类似金字塔的建筑，有的是陵墓，有的是宗教建筑，唯规模较小，多为阶梯形，只有墨西哥的金字塔可与胡夫金字塔相媲美。

百万奴隶奋力建塔

四五千年前，进入早期奴隶社会青铜时代的埃及，全国人口不过两三百万，劳动工具十分简陋，一点点可怜的农业收成，哪有力量建造如此规模的巨塔？后人多方探究，迄今尚未找到令人满意、信服的答案。

风行于西方的《众神之车》等书的作者，索性将人类建筑的奇迹归功于天外来客，认为只有域外"神仙"，才能造出金字塔来。

古希腊历史学家希罗多德于公元前5世纪访问埃及，在其名著《历史》一书中记载：胡夫下令全国劳动力每10万人组成一个班，每班无偿服役3个月，轮流替换，前后历时30年建成金字塔。希罗多德时代距建塔年月已有 2000 年,所述难以佐证。这么大的工程,必须有一大批固定工常驻工地,从事设计、管理、后勤、材料生产供应等事务,单靠临时工轮换是不可能建成的。后来,考古学家在金字塔周围发现许多平民坟墓,其中白骨累累,还有妇女、小孩的骸骨,显然是有许多奴隶拖家带小,终身劳役,葬身于此。

胡夫金字塔所用石块,若以现代火车装运,也要 60 万辆车皮才能运完。有人认为,造塔巨石一般在尼罗河西岸就地开采,只有铺面白色石灰岩板从东岸山头取来。

美国学者贝斯认为,古埃及人巧妙地利用了地形,在原有天然小丘外包上石块,砌成金字塔,省去一大半的工程量。近年法、美化学家分析了塔石成分,断定金字塔是石灰石和贝壳粉混凝成的人造石注入木框成型的,用 20~30 磅的筐子装运,可以就地工厂化生产,用不着远地采石、打磨、运输。话说得如此轻巧,只是没有足够的证据印证上述奇谈。

现代工程学界这样分析:远古采石是用铜钎,在石块预定部位打眼,再插入硬木楔,灌水;木楔遇水膨胀,撑出裂纹,然后撬开整平,用沙子加水磨光,成为石材。运输工具是人拉或牛拉的木橇。建塔过程是先砌成阶梯形金字塔,然后在塔外铺施斜坡,往上运石;在往外砌斜面时,以短木棍杠杆上拉下撬,将石运到塔顶,再自上往下装修。另一种方法是在塔外筑土坡,顺土坡逐层砌上去,塔成移走土坡便告竣工。

胡夫塔的斜锥面是 51°52′,这是一个最朴素的力学原理。取一定量的沙土做实验,从上到下慢慢倒在地上,直至沙土不能堆积为止,必成一个圆锥形土堆,此时若丈量便正是 51°52′ 倾角。埃及金字塔不过是四面削平为等边三角形而已。以此倾角坐向东西南北四方的建筑物,具有最大的稳固性,四面来风都会被均匀分散掉,连遭遇特大地震也不会崩解。吉萨三塔长存于世,原来是古埃及先民早就掌握了力学原理。

墓室的咒语

胡夫金字塔建成以后,传说塔内藏有数不清的金银财宝,但后人慑于法老的咒语,未敢贸然盗陵。公元9世纪,冒险家终于舍命攻塔,找到入口石门。可是,怎样捣弄都不能破门而入。后先以火烤,再往上泼醋,石门才崩裂坍塌。强盗入门后转喜为忧,通道里又有一块巨石挡住去路,破开巨石又有迷津般的隔墙,左绕右转都走不到尽头,差点葬身塔内。在这之后,是否再有冒险家潜入塔中盗宝,不得而知。

近代最早系统研究金字塔的法国探险家卓波里昂于1828年率队考察胡夫塔,历经万难,终在塔的腹心、离地面40米处发现一个大厅,厅角安置着一口巨大的花岗石棺,棺碑上铭刻如下咒语:"不论是谁骚扰了法老的安宁,死神之翼将在他的头上降临。"卓波里昂不以为然,4年后却突然中风麻痹,42岁死于非命。

闯入过胡夫塔甬道、遍访埃及各地墓穴、接触过不少木乃伊的意大利考古学家贝尔沙尼,也在1923年春患了"疯癫"怪病,年底身亡。

1850年开始担任埃及总督私人医生的德国人哈兹于1862年带领贵宾参观金字塔墓室,回开罗途中突然抽筋昏迷,十多天后暴卒,年仅37岁。

研究金字塔蜚声全球的英国考古学家皮屈爵士,1942年突然发病死于归国途中。上埃及古物部督察长哥尼姆博士,多年患抑郁症,1959年自杀身亡。曾观察掘墓现场的英国人威士伯里夫妇,也是"发疯"而双双自杀。1974年为《滚石》杂志写稿而实地采访金字塔的甘凯塞,在墓穴里待了几分钟,出来后一病不起。几十名大学生进入金字塔墓穴参观,返回住地后如闪电般先后"中邪"死去……

死于法老墓穴咒语的名人学者,可以列出一长串,凡夫俗子看过墓穴而暴卒的,更是不可计数。咒语果然应验?令人不寒而栗。

开罗大学生物学博士塔亚医生经多年研究后,1962年11月3日宣布了富有说服力的结论。他发现,接触墓穴者暴卒的致死元凶是曲霉菌。曲霉菌生命力极强,可在金字塔穴内或木乃伊体中生存几千年。曲霉菌可引起人呼吸系统发炎,皮肤起红斑,肺肿堵塞,高烧,震颤,最终不治身亡。法国女医生菲利普进一步发挥道,曲霉菌并非法老有意放置,而是墓内久置的水果、蔬菜、食物等供品腐败滋生的。由此确认,法老咒语只是恐吓人的花招。

许多人不敢苟同这两位医生的论断,提出不同的死因:(1)法老木乃伊用汞和氰化物防腐,接触空气后蒸发,熏死了接触者。(2)古埃及僧侣深谙动植物提取毒物之术,在墓室预置毒物,使偷入穴者在劫难逃。(3)古埃及是个矿业大国,石英矿脉中含有铀、钍等放射性物质,许多矿工死于非命,法老从中得到启发,在墓穴内铺上放射性石头,使入穴者受辐射而死。(4)锥形金字塔聚集光能、磁力、射线于腹心,使墓穴成了死亡的陷阱。

金字塔的"报复"是个复杂的科学问题,不是三言两语说得清的,科学界势必继续争论下去。

狮身人面像和太阳船的秘密

读者看到的宣传材料都说狮身人面像是胡夫的化身,是他自喻为太阳神的象征,至于石像断掉的胡须和鼻子,则是1798年拿破仑远征军炮击石像所为。事实果真这样吗?

狮身人面像是古埃及人崇拜的偶像。它屹立在吉萨金字塔的前方,好像一名卫陵的勇士。胡夫4500年前建造自己的陵墓时,并无自命为太阳神的设想。那时的工匠就地采石时,在祭庙前的采石场掘出一个"Ω"形大坑,预留出一块巨大基岩不采,工程收尾时就粗粗雕出"斯芬克斯"的粗坯,一尊狮身人面像的雏形就这样形成了。

过了1000年,约公元前1430年间,埃及十八王朝王子图特摩西斯四世在荒漠上狩猎,队伍停在斯芬克斯石像下小憩,王子就靠在石像下颌处睡着了,做了一个美梦。梦中的斯芬克斯自称是太阳神和埃及神,预言图氏将会成为统一埃及的法老。公元前1425年预言果然实现了,图氏登上了王位,他立即命令重修石像,进行细部雕刻,表面用石灰浆保护,涂上颜料,并在石像胸前放置一尊先父的雕像,以此象征他由神而来,并受到神的保护;同时在祭庙石壁上,雕刻他在石像小憩遇神的故事。从此以后,斯芬克斯的地位才登至历史的巅峰,成为埃及全民膜拜的神灵。至于脸型仿自哪位法老,并无记载。

1978年,学者马克·列耐尔采用复杂的电子计算机立体摄影法,重现了公元前1250年间斯芬克斯的原貌,与今日所见面目全非。除了天然风化剥蚀之外,不能排除后人再加工和破坏的可能性。石像的胡须碎片(现藏于大英博物馆)是意大利船长卡非戈利亚于1818年清理祭庙时发现的,并非拿破仑炮击后窃取的。1926年,法国工程师巴莱斯用灰浆和石料支撑、固定风化了的石像头部,确保石像免致塌落。

斯芬克斯还有许多问题待解,最迫切的是如何把它保护起来。有人建议用巨大的透明玻璃金字塔,将石像整个儿罩起来;有人建议在它周

44

围砌起大墙以阻挡风沙的袭击。

1953年在胡夫金字塔以南一个密封的石窖内,发现了一堆木板。窖深3.6米,长31米,宽2.6米,上覆苇席,下面整齐堆着1244块木板,长度从10厘米到23米不等,板上有许多圆洞,不知是何用途。经25年的细心发掘、研究和拼装,人们发现原来这是一艘4500年前的"太阳船",其长43.4米,最宽处5.9米,船头高6米,船尾高7.5米,两侧配船桨各6支,载重量可达50吨。

这是吉萨金字塔群近百年来最重要的发现,它为古埃及祭仪、民俗、造船工艺提供了许多研究线索。原来,古埃及人信奉太阳神,认为人死后能够复活,但必须乘船才能升天。这条船就是为运送胡夫尸体而特制的。胡夫木乃伊运入金字塔墓穴下葬后,木船即拆散,埋于塔旁,供胡夫"复活"升天时乘用。1980年,这条世界最古老的木船被密封于玻璃罩里,并在原址建立起太阳船展览馆向游人开放。

万里古长城

长城是我国古代的军事防御工程。它是由关城、城墙、烽燧（烽火台）等部分组成的一个工程体系，在古代战争中发挥着巨大作用。

长城的出现

长城修筑的历史很久远。

烽燧是一种报警设施。它出现的年代早于城墙，在《东周列国志》中有周幽王烽火戏诸侯的故事。西周末代帝王幽王（公元前781年登位）昏庸无道，为了博取宠妃一笑，不惜点燃烽火，各地诸侯闻讯立即率兵来到京城，却发现是一场闹剧。待后来真有敌人攻打的时候，再点烽火报警，诸侯不甘被戏弄，无人搭理，幽王惨遭杀身之祸，西周因此灭亡。

在西安以东20多千米处的骊山顶上，远远可以看到一座烽火台遗迹，相传那就是当年周幽王戏诸侯之地。

比这更早的记载是公元前9世纪的"朔方"城。《诗经》上有"天子命我，城彼朔方，赫赫南仲，严允于襄"的话，说的是周"宜王中兴"时期，为了防御严允的侵扰，在朔方（今内蒙古河套一带）修筑有城堡。史学家认为，它不是孤立的小城，而是一种有联系的防御工事，因而可以看做是长城的前身。

其后的春秋战国时期，是历史上一个群雄割据、战乱纷起的时代，

各国诸侯为了御敌抗战,纷纷在国境上修筑长城。约公元前7世纪,南方的楚国修筑了最早的"方城";五霸之一的齐桓公也在与鲁国接界的地方修起了长城,今天在山东中部还有它的遗迹。

到了公元前4世纪前后的战国时期,兼并战争愈演愈烈,各国诸侯都相继筑起了长城,形成了一时的"长城热"。燕国在北方修了一条长城以御胡人,城墙西起现今的张家口,东达辽阳,后又向东伸延至今天的朝鲜境内;同时又在与赵国接壤的地方沿易水修了一条界城。赵国的长城最多,在其北境、南境和中部共修了3条。就连小小的中山国也不落后,沿太行山东麓修了一条南北向的长城,今天的娘子关就是中山长城上的一个关口。此外,魏、韩、秦各个诸侯国,也都在境内修筑了自己的长城。

长城的修建

公元前221年,秦始皇统一中国,建立起历史上第一个多民族的中央集权制封建国家,派大将蒙恬和太子扶苏驻守北方边境,抵御匈奴的入侵,并于公元前213年开始修筑长城。蒙恬用军队、民夫与大量战俘、有罪官吏,组成百万劳动大军,对原来燕、赵、秦北方的长城进行修筑,加以连接和扩大,筑成了西起临洮、东至辽东的长城。其位置在现存明长城略北,其长度超过后来的明长城。这条长城的遗迹断续可见。秦始皇首次筑成了绵延在中国北部的"万里长城",奠定了后世长城的基础。

近年,考古人员在茫茫阴山中部的乌拉特前旗发现了一条秦长城遗址,全长200多千米。这条长城用当地所产的黑色大石块垒砌,高5~6米,顶宽3米,气势雄浑。长城呈东西走向,每隔1千米筑有一座小烽火台,每隔5千米则筑有一座大烽火台和驻军营盘,从而形成了长城与烽火台及军营紧密相连的整体。它是我国目前已知保存最为完整的一段秦始皇万里长城。

历史上对秦代修筑长城记载很多，所以人们一说到长城就想到秦始皇。秦始皇使用了近百万劳力修筑长城，其人数占到当时全国人口的1/20。要知道，那时是没有机械作业的，除运送砖土可以役使毛驴、山羊等能爬山的牲畜外，全部劳动都靠人力。要看到，长城都是修筑在崇山峻岭之上、峭壁深壑之间，那是怎样的一种工作环境啊，今天我们游览攀登起来都觉得十分艰险、非常吃力。对于长城的修建，历来有许多评说。"暴兵四十万，兴工九千里。死人如乱麻，白骨相撑委。"（唐·王无竞《北使长城》）"血作边墙墙下水"（明·尹耕《修边谣》），"君看长城中，尽是骷髅骨"（宋·汪元量《长城外》），以至有"筑人非筑城"（唐·曹邺《筑城三首》）之说，使"这伟大而可诅咒的长城"（鲁迅《华盖集·长城》），"永远是个无情的建筑"（席慕蓉《长城谣》）。其工程之艰巨，劳作之艰苦，足以震撼历史。

正是劳动者用他们的血肉和智慧铸就了这伟大的奇迹。

在民间，则有一个孟姜女哭倒长城的故事，对秦始皇的暴虐进行了控诉。故事说的是民女孟姜女与范喜良婚后不久，范喜良便被征去修筑长城，一去几年杳无音信，孟姜女思夫心切，挂念丈夫冬天没有寒衣，便做好棉衣，千里寻夫来到长城工地，谁知范喜良早已被活活累死，并被埋在了城下。孟姜女号啕大哭，整整哭了七天七夜，竟把新筑的长城哭倒了。现在，山海关外的凤凰山上有一座姜女庙，还有望夫石和振衣亭，是后人对这件事的纪念。

历史上大规模修筑长城的秦王朝，并没有因此而江山永固，"始皇帝"只传到"二世"，秦朝就因农民起义而灭亡了。历史上兴盛强大的汉王朝，仍然面临着北方少数民族的侵扰，汉武帝时期与北方的匈奴进行了长期的战争。汉朝派大将卫青、霍去病率大军把匈奴驱逐到漠北。为了"不叫胡马度阴山"，又在阴山以北筑起了一道"外长城"，东起黑龙江的林海雪原，西到新疆的戈壁大漠，全长达1万千米，成为历史上最长的长城。同时还建立了严密的烽燧制度，规定"五里一燧，十里一墩，三十里一堡，百里一城"，在通西域的路上修筑了大量烽燧、亭障。西汉大规模修筑长城，还有一个重要目的，就是保卫已经开辟的"丝绸之路"。为此还在长城沿线的河西走廊和新疆境内大量设置了屯田，促使河西4郡及西域几十个属国的生产得到发展。现在还能看到一些残存的汉长城遗迹。

长城的修筑总是与战争相伴随，历史上又一个大分裂、大动乱时期——南北朝时期，从423年起，北魏对今天河北至内蒙古段的1000多千米长城进行了修缮。其后，550年至559年北齐征集百万民夫，在大同至山海关间修筑长城1500千米，并在长城之内又修了一道重城。

经过隋唐三百多年的统一发展，到了宋代，又是一个历史上的动荡时期，北方的金朝为了防御西北的蒙古族，于明昌年间（1190—1195年）大举修筑了两道长城：一道从黄河河套起，到混同江（松花江的一段），长1500余千米，称明昌新城；另一道在明昌新城以北，称明昌旧城，俗称兀术长城。

大明帝国是中国封建社会发展的顶峰，然而却面临着北方鞑靼人卷土重来和女真人崛起的威胁。因此，明朝从开国起便实行"高筑墙"的国策，洪武元年（1368年）就派大将徐达和燕王朱棣修筑居庸关和山海关等地的长城，以后，又先后近4次，历时两百多年，完成了西起嘉峪关、东抵鸭绿江，全长6350千米的明长城。明朝在"外边"长城以南，还修筑了"内边"长城和"内三关"长城。"内边"长城以北齐长城为基础，雁门关和平型关是重要关口。"内三关"长城是连接居庸关、紫荆关和倒马关的一条长城。这两条长城在很多地方相互平行。此外，还修筑了大量重城，雁门关一带的重城竟有24道之多。

在明代修筑长城的历史上,一位赫赫有名的人物戚继光,有过很大的贡献。1568年戚继光任蓟州、昌平、辽东、保定军务总管,他建议和主持了对山海关到昌平一线旧长城的重新修筑。3年内修建了1000多座敌台,大大加强了防御能力。现在蓟县太平寨长城上,高耸着戚继光的大型雕像,以纪念他的功绩。

在我国历史上,先后有楚、齐、燕、韩、赵、魏、郑、中山、秦、西汉、东汉、北魏、东魏、北齐、北周、隋、辽、金、元、明等20多个诸侯国家和封建王朝修筑过长城。若把各个时代修筑的长城加起来,其总长度超过5万千米。"万里长城"10万里长。其中秦、汉、明3个朝代是修建长城的3个高潮,每个朝代所修的长城都超过万里。

长城建筑

对长城的工程量有人算过一笔账,仅以明长城为例,若将其砖石、土方用来修筑一道厚1米、高5米的大墙,可以环绕地球一周而有余;如果用来铺筑一条宽5米、厚35厘米的大道,那就能绕地球三四周了。如果用历代所修的长城按5万千米计算,则是上述数字的10倍。

万里长城经过两千多年的不断修筑和完善,构成了一个庞大的军事防御系统工程和信息网络。它的建筑体系简而言之是由城墙、城台、关隘、烽燧四大部分组成。

城墙是长城的主体,随地势而筑,用材和体量因地而异。如八达岭长城为砖砌结构,平均高7~8米、厚6~7米,墙顶宽4~5米,可容5骑并行、10人并进。墙顶内侧为1米高的宇墙,外侧有2米高的垛口,垛口上有瞭望孔,下有射洞。

城台也称敌台、敌楼,骑墙而建,是御敌的碉堡。有的敌台分层,上层有射口和瞭望孔，下层储放武器、弹药，或作兵士住宿之用。

烽燧也叫烽火台，是一种"光通信"设施，外形犹如一孔孤立的砖窑，多建于城墙侧畔。如有敌情，白天燃烟曰燧，夜间放火曰烽。

关隘也称关城，多设在高山峡谷险要处和扼守要冲之地，是征战、防御的重心所在。关城多建有券门、城楼以及配套的军事设施和住所。

千年岁月沧桑已经销蚀了长城的军事价值，作为有审美特性的文物，它的艺术价值却在历史的演进中不断积淀、增长。"中国伟大的美术，最壮丽的美，莫过于长城。"（宗白华语）长城以它那奇伟、雄险和绵延万里之雄姿，构成了壮美、崇高的磅礴气势，征服着瞻仰者。长城建基于辽阔的大地，跌宕于山川，镶嵌于云天，融建筑美与自然美于一体。长城更以它那悲剧性的精神内涵，震撼着人们的心灵。

长城关隘

长城，已消逝了创建者的初衷，却成了后人顶礼的辉煌。

长城以其独具的特性，作为世界文化遗产，成为中国人必欲瞻仰的目标，对世界各地的游客都有着无穷的魅力。

长城在我国16个省区都有分布，其中适于旅游观瞻的部分集中在西从嘉峪关东到山海关一线，中间跨越甘肃、宁夏、陕西、内蒙古、山西、河北、北京、天津8个省、市、自治区。在这条北国珠链上闪烁着一个个旅游观光胜地。

山海关长城，位于河北秦皇岛市东北，明大将在此设山海卫，筑城。关城北接角山，南临渤海，枕山襟海，形成"镇关金锁接长城"之势，历来为蓟辽咽喉。关城4门中镇东门最有气魄，是有名的"天下第一关"。城南4千米的老龙头，为戚继光所建，砌行为垒，伸入波涛之中25米，接天连水,气势恢宏,就像长城巨龙探海的龙头。

黄崖关长城,位于天津蓟县城以北,戚继光首创关城按伏羲八卦图构筑成具有攻防功能的防御体系,称作八卦城。有沟河从关城流过,山、水、城、关四景交融,犹如整个长城的缩影。这里除明长城外,还保留了很长一段一千四百多年前的北齐长城。

金山岭—司马台长城,明代修筑,横亘在河北滦平与北京密云交界地带,西起著名关隘古北口,东至险峻入云的望京楼,全长近百里。这段长城随起伏跌宕的山势而筑,高下相间,突兀参差,气势雄伟。敌楼密集,形制多样,为其突出特点,方形、圆形、扁形、拐角形、平顶、船篷顶、穹庐顶、四角攒尖顶、八角藻井顶、猫眼楼、狐顶楼……各有千秋,犹如长城建筑博物馆。这里独有的用文字砖砌筑的长城,更是别具特色。

慕田峪长城,位于北京怀柔以北,为戚继光扩建,与西边的居庸关、东边的古北口相呼应。城体大部分为十几层青色花岗岩条石砌成,所在地带植被繁茂,覆盖率高达70%,给长城蒙上了一层秀色。

居庸关长城,居庸关为北京咽喉,关城中的云台有许多精美雕刻。居庸关势连峰峦,映带林谷,北面的远山上蜿蜒起伏着雄伟的八达岭长城。八达岭海拔1000多米,居高临下,雄踞要路,四通八达,是长城上的一个防卫前哨,人称"居庸关之险不在关而在八达岭"。居庸关是北京的门户,八达岭就是门上的一把锁。八达岭关城5000平方米,建于明弘治年间(1488—1505年),东门额"居庸外镇",西门额"北门锁钥"。这段长城高大坚固,墙基都是用1吨多重的巨石砌成,墙体高大宽厚,气势雄伟。八达岭长城名扬中外,是游客最多的长城。

紫荆关,是内长城的重要关隘,位于河北易县城西的紫荆岭,因山上多紫荆树而名紫荆关,与居庸、倒马二关合称内三关。

紫荆关有关门4座,北门有"紫荆关"、"河山带砺"匾额,南门有"紫塞金城"匾额。关城的东、西、南3侧墙外有墙,北墙下临拒马河,依山负水,山谷崎岖,河流湍急,易守难攻。紫荆关所在的易县有许多历史陈迹,荆轲的故事就发生在易县的血山村,荆轲山上耸立着一座高13层的荆轲塔。在紫荆关东面的永宁山下,有著名的清西陵。

娘子关原名苇泽关,唐初,高祖李渊之女平阳公主曾率娘子军驻守此地,所以称娘子关。现在,娘子关一带还有许多和平阳公主有关的历史遗迹。娘子关在山西平定与河北的交界处,是出入山西的咽喉。关隘在半山腰上,背靠绵山,面临桃河,山崖陡峭,地势险要,有"三晋门户"、"万里长城第九关"之称。娘子关在明朝时曾重修过,关城有东、南两门,南门嵯峨雄伟,危楼高耸,门额上书写着"京畿藩屏"4个大字,东门有"直隶娘子军"5个大字。当年,古长城和城堡相连,构成了严密的防御系统。

雁门关长城,地处山西代县西北,为历史悠久的古战场,早自周代开始,尹吉甫、李牧、蒙恬、刘邦、周勃、卫青、霍去病、李广、薛仁贵、杨业、李自成等历代著名将帅都曾在这里辗转驰骋。

雁门关位于峰峦错耸之中,异常险要,有"三关冲要无双地,九塞尊崇第一关"之称。现存关门3座,城楼修葺一新。

偏头关又名偏关,五代北汉置偏塞,元朝时改为关,位于山西北部,黄河东岸,外长城以南,与内蒙古相邻。偏关与雁门、宁武二关合称三关,长城从这里分为内、外长城。现在所存的关城是明洪武二十三年(1390年)改筑,辖边墙四道。登上关城,东望黑驼山,峭壁千仞;西望黄河水,一泻千里,关雄地险,易守难攻。

宁夏古长城,宁夏历史上有"关中屏障,河陇咽喉"之称,战国、秦、汉、隋、明各代都在这里修筑过长城。现存中卫县一段长城,位于腾格里沙漠南缘、黄河北岸,墙体全部用土板夯筑,却坚固异常。长城沿线上一座座巨大的墩台历历在目,蜿蜒于大漠与黄水之间。

嘉峪关长城，位于甘肃河西走廊西部，雄峙于祁连雪峰与戈壁荒漠之间，关城依山而筑，居高凭险，有"天下雄关"之誉；嘉峪关是古代"丝绸之路"必经之地，是通往西域的门户。关城分内外两城，四角各有箭楼，南北有敌楼对峙，西门城楼高耸，蔚为壮观。嘉峪关为现存长城西端的终点，然而，长城在这里还有一段延伸，终止到一座烽火台——长城第一墩。第一墩在嘉峪关南7.5千米处，位于讨赖河畔的危岸上，史称讨赖河墩。嘉峪关的第一墩与山海关的老龙头遥相对应，老龙头伸进大海波涛，第一墩则深入大漠荒滩。登临墩台，远眺祁连白雪皑皑，俯视戈壁黄沙茫茫，长城蜿蜒像龙游云海，关楼高耸如巨人擎天。

玉门关和阳关，都是通往西域的重要交通孔道。玉门关是汉武帝设立的关隘，因西域从这里输入玉石而得名。现在，在甘肃敦煌西北小方盘城的玉门关古城堡被沙阜所环绕。玉门关城堡呈方形，由黄土夯筑而成。堡西、北各有一门。早在汉武帝时，张骞就两次经过这里出使西域。公元前105年，细君公主通过玉门关，到离长安4450千米的乌孙去和亲。东汉永平十六年（73年），班超出使西域，在西域生活了31年，70岁时，上书要求回国，书中说："但愿生入玉门关。"登上玉门关，可见汉代长城沿着群山戈壁蜿蜒而来，城上的烽燧星星点点向西延伸，古丝绸之路从这里进入了最艰难困苦的征途。

阳关，位于甘肃敦煌西南70千米处的党河河岸，处在玉门关的南面，所以被称为阳关。当年，汉武帝打败了匈奴后，设置了酒泉、张掖、武威、敦煌4郡，阳关就是把守边界的隘口，现在挖掘出来的阳关遗址，有上万平方米的面积。阳关的西面，有数道高大的沙梁蜿蜒纵横，沙土发白，那便是史书上记载的白龙堆，它从这里一直延伸到罗布泊以东。阳关是古代我国和西域之间最繁忙的交通大道，路面宽36丈，"阳关大道"，说的就是前途无限的意思。399年，65岁的东晋和尚法显沿着这条路线,翻过帕米尔高原,西行取经。800年后的意大利旅行家马可·波罗,也是顺着这条路走向我国内地的。清末,左宗棠西征新疆,改由星星峡经哈密西行,开辟了通新疆的新道,也就是现在甘新公路的路线,这样,地处偏僻的西南沙漠的阳关,就萧条冷落了。

长城,铸成了闪烁着中华文明光辉的文化工程,它的魂魄,激励着一代又一代的华夏子孙,它的风韵,召唤着五湖四海的宾朋友人。

外国长城

中国的万里长城是世界古代军事建筑工程上的一个伟大的奇迹,但是长城作为一种军事防御工程体系,并不是只为中国所独有。与中国长城最初出现的春秋战国时代相当的时候,西方的古希腊人也曾经在雅典到海滨港口之间的道路两旁修筑过一条几十千米长的长城。当公元前后古罗马人称霸欧洲的时候,更在他们那广袤的帝国北部边界陆续修建了长达近千千米的长城。如今,人们还能够在英国、德国和小亚细亚找到这些城墙的遗迹。

哈德里安长城是在不列颠由罗马人修建的最重要的长城,它是罗马帝国的前线。罗马军团最北边的军队沿太恩河与索尔韦湾地峡一线设防。122年,罗马皇帝哈德里安命令沿着这条防线修建一道墙,就是今天用他的名字命名的这道长城。这道完全用石头砌筑的长墙长达117千米,东起太恩河畔的沃森,西抵索尔韦湾的鲍恩尼斯。城墙上按等距离间隔开有城门,每座城门内设置一个小营盘,由一队士兵来防守,这个设防的兵营称作里程堡(类似中国长城的关城)。在每对里程堡之间的长城上修建两座塔楼(相当于中国长城的敌台),以便于瞭望。长城的外边挖有一道堑壕,从堑壕里挖出的土石堆在壕的北侧,构成护堤。哈德里安长城有两个彼此独立的组成部分：一个是长城本身的障碍防御功能，包括里程堡和塔楼；另一个体现在要塞城堡的控守职能，就是"把罗马人和野蛮人隔开"。哈德里安长城的作用是对边境的控制，境外的人只能在非武装的情况下，进入由罗马军队监控的指定市场进行交易并纳税。长城的作用就是保证这项规定的实施。另一个作用是阻止偶然发生的地方流行病对境内的侵扰或小规模的袭击。

西方罗马人的长城与东方中国人的长城有许多相似之处，所不同的只是长城这样一种军事防御工程在中国延续使用了2000年，而在西方，当统一的罗马帝国崩溃以后，便很少再有这类工程出现了。

1世纪时，罗马人在现德国境内的莱茵河和多瑙河之间修建了一道所谓的"防御之墙"。2世纪和3世纪，这座长城又多次扩建，它西起莱茵河岸的波恩附近，东到多瑙河岸的雷根斯堡附近，总长584千米。

朝鲜高丽王朝为阻止契丹族而修建的长城，从高丽第9代王德宗开始到第10代王靖宗即位以后，前后12年（1033—1044年），用石头修筑而成。它自鸭绿江入海口经清川江上游，过狼林山脉至东海岸，绵延千里。

印度长城建于15世纪中叶，位于印度西北部拉贾斯坦省与巴基斯坦的边境地带，全长约39千米。当时的印度统治者拉纳·库巴为了抵御穆斯林的入侵，在这片人烟稀少的荒漠中大规模营造防御工程，共修筑了33个炮台和堡垒，并筑起这段坚固的城墙，作为防御系统的最前沿。该长城用红砖砌成，蜿蜒于崇山峻岭之上，气势宏伟，其建筑艺术之高超比起同时代的中国明长城毫不逊色。所不同的是它的垛口为伊斯兰拱形，而中国长城为方形。

迦太基古城

迦太基是突尼斯的一个历史地名,那里曾是地中海最大的商港,融汇了亚欧非三大洲的文明。如今,古城只剩下若干断垣残基,留下了一个个难解之谜。

是谁创建了迦太基

迦太基遗址在北非突尼斯首都东北方 17 公里的一个小半岛上,紧靠地中海。外来人只要到突尼斯,哪怕只停留一天,也都要抽空去遗址凭吊一番。

半岛有座比尔萨山,平坦的山顶残存着厚实的墙基和粗大的石柱柱基,面向大海的山坡上有一片城市的废墟,残墙呈赭黄色,用石块和黏土筑成。遗址规模宏大,使人联想到远古的辉煌。

三千多年前,发祥于地中海东岸黎巴嫩的腓尼基人,以航海和经商称雄于地中海一带,建立起强盛的奴隶制国家。当时的突尼斯北部已有非洲土著柏柏尔人建立的小王国。腓尼基公主阿丽莎受王兄的排挤,流落海外,来到突尼斯,谋求一方安身立命之所。她恳求突尼斯国王能赏赐她一块土地,遭到拒绝。绝顶聪明的阿丽莎心生一计,拿出许多金银首饰,向国王换取一块"牛皮大小"的土地。国王欣然应允。阿丽莎杀了一头牛,将牛皮切成细条,连接起来,在海边圈了一大片地,这就是今日所见的比尔萨山及其海滨的迦太基遗址地区。国王没话可说,只好遵守诺言,赠予这片土地。阿丽莎在这块"牛皮"地上建起了城市,取名"迦太基",即腓尼基语"新城"之意。据说城墙周长34千米,高13米,厚8米,城内建有宫殿、街道、神庙、别墅、住宅、剧场、公共浴室、竞技场,海滨还建了港口。

美丽的阿丽莎深得人心,被腓尼基移民和当地土著立为女王,开始了北非迦太基帝国的新纪元。

可惜的是,迦太基城被破坏得如此彻底,除山北坡尚存一个10多平方米的祭坛(上有一高一矮两根石柱和一只硕大的石香炉)之外,别无他物。

当地导游却能滔滔不绝地讲述女王的故事,指点哪是阿丽莎梳妆的井台,哪是阿丽莎同勇士伊尼阿斯谈情说爱的地方,哪是女王坐朝的殿宇。更妙的是山麓一角,还建了一座豪华的"阿丽莎女王饭店"。有的导游则将"牛皮"说成"驴皮",将用牛皮条连接圈地说成用驴毛连接圈地。总之,这些都是民间传说,没有确凿的文字和实物凭据。

据史书记载,公元前814年确实建立过迦太基城,强盛的迦太基国曾经延续了六百多年。但是,阿丽莎公主其人其事,值得怀疑。欲建迦太基城,非有大批腓尼基移民不可。一个王国能够延续如此长的时间,必定有一段美妙的历史。

汉尼拔大演悲喜剧

迦太基在公元前 6 世纪成了地中海的霸主,沿岸的北非以及西西里、科西嘉、巴利阿里等岛屿都成了它的领土,后来连西班牙都被它占领。公元前 3 世纪初,欧洲崛起强大的罗马帝国,与迦太基争夺地中海的霸权,由此爆发了历史上有名的三次布匿战争(公元前 264—前 146 年)。罗马人称腓尼基人为布匿人,故名布匿战争。

这时迦太基出了一位骁勇善战的最高统帅汉尼拔,他不能容忍罗马抢走西西里、科西嘉等属岛,但他为避免正面在海上与罗马作战,便到西班牙养精蓄锐,决心在敌人境内开展"掏心战术"。公元前 218 年,汉尼拔率 9 万步兵、1.2 万骑兵,偷偷越过比利牛斯山脉和阿尔卑斯山脉,突然出现在意大利本土上。罗马人以为神兵从天而降,仓促应战,第一战损兵 4 万人,只好放弃进攻迦太基的计划,收兵保卫本土。第二战罗马军又战死 1.5 万人,第三战更是损兵 7 万。可惜由于战争旷日持久,罗马人切断了汉尼拔的粮路和兵源,公元前 204 年又夺取了西班牙,迫使汉尼拔撤离意大利。

公元前 202 年,罗马军队跨海打到迦太基城下,两军决战,汉尼拔战败,迦太基求和,成了罗马的附属国。汉尼拔流亡叙利亚、克里特等地,公元前 183 年服毒自杀于小亚细亚的比提尼亚国。胜也是汉尼拔,败也是汉尼拔,迦太基在汉尼拔一手导演下达到历史的顶峰,又因他的好战而濒临灭亡。

罗马与迦太基结怨甚深,在公元前 146 年发动的第三次布匿战争中彻底摧毁了迦太基城,守城军人全部被杀,幸存的居民全部沦为奴隶。城池燃烧了六昼夜,腓尼基文物荡然无存。公元前 29 年,罗马人在迦太基废墟上重建新城,将迦太基属地划为阿非利加行省,归入罗马版图。

辉煌的罗马时代

罗马帝国统治迦太基近500年,迦太基城作为省会日益繁荣,人口曾达60万,成为仅次于罗马的第二大城市。

公元5世纪,中欧日耳曼人汪达尔王国灭亡罗马帝国,439年占领迦太基城,烧杀抢掠,将罗马建筑荡涤一空。又过了100年,拜占庭帝国驱逐汪达尔人,又是一番抢掠。不久,柏柏尔人重回迦太基。698年,柏柏尔人奋勇抵抗阿拉伯人的入侵,终被斩尽杀绝,迦太基城从此被彻底废弃。

原始的迦太基城早已荡然无存,汪达尔、拜占庭只有破坏没有建设,唯有罗马遗址展示昔日的辉煌。保存比较完整的古罗马剧场,坐西朝东,面对大海,静卧在一片高地下。舞台用石板铺成,呈半圆形,40余级观众席逐层垒到山顶,最上面一级长达百余米,共可容数万人现场观看,而且任何座位都能看到舞台并听清舞台的声音,剧场前方巍立着20多根光秃秃的石柱,据称当年雕梁画栋,石柱上托着一座富丽的建筑。突尼斯政府今已加以修整,每年夏季在这里举行迦太基国际联欢节,效果比现代剧场好得多。

由罗马皇帝安东尼建的安东尼公共浴室,面积3.5万平方米,是古罗马的第四大浴场。从柱石、残墙、拱门,可隐约看出两边对称排列的一间间浴室。按用途可分更衣室、温水室、冷水室、蒸浴室、按摩室、健身房、游泳池。当年这里是上层人士的沐浴地,也是会友洽事的交际场所。浴室在海边,咸水不能用。水源来自宰格旺山的泉水,通过60千米长的渡槽引来。渡槽为砖石砌造的椭圆形封闭管道,直径2米,架在距地6~20米的空中,秒流量400升,日输水3200万升,今日遗址的地面上还残存着几段渡槽及其支架。

古城遗址的住宅区至今还保留着雕刻精美的石头础柱、粗大的方

形和圆形石柱,上雕人像、狮头、马身等形象。几处庭院的地面上,有2000年前用各色小石头拼成的镶嵌画,残存部分依然色泽斑斓。

住宅区下方是当年腓尼基人停泊船队的码头,由于泥沙淤塞已完全看不出海港的模样了。

阿拉伯人另建突尼斯

公元698年阿拉伯人统治突尼斯后,将迦太基弃置一旁,在旧城西南17千米处另建新城,即今突尼斯共和国首都突尼斯城。一千二百多年来,经自然冲蚀和人为洗劫,迦太基遗址成了荒地。1956年突尼斯独立后,政府才有计划地发掘遗址,划定迦太基遗址为"国家考古公园"。1978年联合国将其列入第一批"世界文化遗产"名单。据称,古城地下30米处还有大量文物,一旦发掘出来便可解开迦太基历史之谜,同时也可理出从柏柏尔、腓尼基、罗马直到汪达尔、拜占庭不同统治时期的历史脉络。

阿丽莎女王饭店附近的迦太基博物馆,专门收藏从古城遗址出土的文物。其中有陶制的杯盘盆碗,残缺不全的石雕像,埋葬死人的石棺,刻有死者全身浮雕像的棺盖……雕像上卷曲的络腮胡子、蓬松头发和魁伟身材,一看便知是古罗马人的形象。但是,严格意义上的腓尼基时代的文物,屈指可数。

突尼斯城西北5千米的巴尔多国家博物馆,是1882年由部分王宫改建而成的,收藏的多是阿拉伯和古罗马文物,尤以镶嵌画等实物最为丰富。可惜,仍然见不到腓尼基时代的文物,那遥远年代的风采依旧难以觅寻。

灿烂的迦太基,两千多年前会是个什么模样?真的是要掘地30米之深,才能见到它的真面目吗?

土城遗址昌昌

秘鲁北部海港特鲁希略西北8千米处，有一座空无一人的土城，名叫"昌昌"。在土著奇穆人的语言里，"昌昌"就是"太阳太阳"。土城遗址占地36平方千米，最盛时可居住20多万人，是奇穆王国的都城，现为世界上已发现的最大土城遗址。

远看一堆土，近看一座城

在漫漫黄沙的秘鲁海岸边，直走到此城门口，才能看清土城的轮廓。断垣残壁同城外的沙漠浑然一色，残墙最高不过六七米，说它是"世界上最大的土城"，令人怀疑。

入城细看，方发现城中有城、墙内有墙，城垣之内有各自独立的城堡和街区，每一城堡和宫殿又有墙垣围护。城内有10座方形城堡，各有围墙，内有金字塔形的神庙、庭园、宫殿、蓄水池、墓地和居民住房。这里街巷纵横交错，又井然有序。残留的一段城墙，长440米、高7米，据说原墙最高部分高达15米。近百年来已陆续修复了部分城堡供人参观。

不管是城墙、庙宇、市场、监狱、粮库或民宅，基本上不见石，多以土坯垒成。这就是它的伟大之处。那土坯有大有小，依不同建筑而定，多以品字形逐层上砌，全都"天衣无缝"，连地震也晃不倒。1970年秘鲁大地震，后人修复的城墙倒了，残存的古墙却依然屹立。这些断垣残壁，历经五六百年风吹雨淋而不蚀，有何诀窍？原来筑墙用的土坯是以黏土、贝壳、砂粒磨成细粉，混合、掺水印模成型，略加火焙而成紫红色的坯块。它介于自然土和火烧砖之间，虽然还没资格叫"砖"，但它的牢度并不亚于现代混凝土。

这里气候十分干燥，终年无雨，即使有"雨"也化成雪霰，因此土坯能够长年不败。奇穆人避开远地采石的困难，利用当地最丰富的砂土、贝壳为建筑材料，的确非常聪明！

昌昌附近有条莫切河，是汇流东方安第斯山雪水的小河道。从莫切河开挖渠道，引水入城，供全城饮用。城中的宅院都有蓄水池，以保证枯水期有水可用。城内还有地下水资源，比较讲究的人家凿了水井。今存若干废井，井底泉水清澈，井边长满芦苇，沿着井壁斜坡的石盘道，可直到井底打水。

莫切河边有个莫切村，是历史早于昌昌的莫切文化遗址。附近曾有一座高大的土质金字塔，占地5万平方米，原高41.2米，以1.4亿块土坯垒成，总重约400万吨。金字塔层层包裹，大塔包小塔，历经数百年，最终成了一个庞然大物。西班牙殖民者入侵秘鲁后到处寻找黄金，毁了这座塔，如今只剩下一堆土坯。

疯狂的劫掠

奇穆人是居住于秘鲁北部的印第安人的一支，公元1世纪进入青铜文化时期，能在铜的表面镀上贵金属，用模型、印版制造陶器，并发展起灌溉农业。1899年，德国人尤尔来到莫切河谷进行学术性发掘，因附近有个莫切村，便称这个时期为"莫切文化"。可惜的是，莫切文化在8世纪以后突然消失。

公元10世纪,奇穆人重新崛起,公元1200年前后建立奇穆王国,在昌昌建立都城。1138年,南方强大的印加帝国兼并了奇穆王国,昌昌城陷落,从此被废弃。

昌昌废城在沿海沙漠平原上,毫无遮拦,秘鲁人早就知道它的存在,但没人认识到它的价值。16世纪初,西班牙殖民者路经昌昌,看到的是一片泥坯废墟,不屑一顾。后来为了搜刮金银财宝,来这里乱挖一气。从宫殿地下和陵墓里挖出一批金银,消息传开,引来大规模的盗掘活动。最大的一次破坏是在18世纪,殖民当局对莫切村的土质金字塔"开刀",组织一批人开挖河道,改变莫切河流向,引河水冲刷金字塔一侧,掏空塔腹,掘出无数金银财宝,熔为锭块,装了一船,运回西班牙献给国王,作为国王婚礼的贡品。据说此船行至加勒比海上,遇风暴沉没,后被美国人打捞走了。这是否属实,无从考证。但西方殖民者之疯狂劫掠昌昌的文物,则是无可否认的。

由于滥挖乱掘,昌昌土城体无完肤,莫切金字塔坍毁。1824年秘鲁独立,才由官方组织了有计划的学术性考古发掘作业,先后有德国、瑞士、美国和秘鲁的专家参加,将所获文物加以鉴定,收藏于博物馆,同时边发掘边修复,复原了部分建筑供人凭吊。

奇穆人的绝艺

昌昌出土的文物有金器、银器、铜器、陶器、木器、织物、木乃伊等。残墙磨光的壁面上，遗有许多浮雕和壁画，内容以月亮、海洋生物、渔猎生活为主。一座神殿的四壁上，画有365个圆形的图案，用以代表月亮和一年365天。一面墙上，画着一张大渔网的图案。另一堵宫墙上刻有各种鱼类和海鸟的图形，它们或栖或翔，或悠游水中，或潜水捕鱼。另有一幅驯鸟图，画着鸬鹚仰头伸脖之状，它企图吞下一条大鱼，可是脖子被人系了绳圈，怎样使劲也无济于事。

下述图案证明奇穆人奉月神为最高神祇，生活与海洋息息相关。月圆之夜，正是近海鱼类聚集的时候，奇穆人在此刻乘舟打鱼。

奇穆人制陶巧夺天工，至少在1500年前发明了模型制陶方法。他们把泥块嵌在一分为二的模子里，用印板压印浅浮雕，使复制品源源出炉，让普通平民也能享用。现在大量出土的形制划一的陶器，证明了这一点。

莫切金字塔遗址出土的战俘陶雕，是莫切文化的代表作。夸张而传神的形象，连现代雕刻大师都叹为观止。

那裸体战俘被反绑在树上，痛苦地张着嘴，竭力躲避一只啄他右眼珠的秃鹰。他脸上的皮已被剥掉，没有嘴唇，鼻子只留下软骨。据此证实了昔日部落战争的残酷。

奇穆文明早于印加文明，因为没有文字记载而虚幻莫测，只能凭实

物进行推断。早期莫切文化的湮灭,后期昌昌土城的废弃,仍然迷雾重重,等待人们去探索。

　　创造如此灿烂的文化,建造20万人规模的城市,垒造巨大的金字塔,必须有雄厚的物质基础来支持。发达的灌溉农业和渔牧业,就是奇穆人的物质基础。西班牙铁骑闯入这一带时,早已经人烟绝迹,唯见茫茫沙海和颓垣残壁。如有一定的自然条件,奇穆人为何不来重建家园?为何两百多年不见人烟?显然,有一股不可抗拒的自然力压向昌昌,这似乎应从秘鲁沿海周期性的自然灾害去寻找答案。这里除了现代确认的"厄尔尼诺"海流灾害外,历史上还频繁发生过大地震。反常的海流和地震导致的大水、大旱、泥石流、瘟疫等灾难,足以使奇穆人丧失一切。

　　洪水使沃野变成沼泽,长期干旱使大地沙漠化,山崩石流冲到海边堆成冲积扇,沉到浅海淤成沙滩,细沙冲上海岸形成大沙丘,沙丘吹向内陆吞噬水道、农田、村镇,剥夺了奇穆人的衣食之源,人们只好四散逃亡,流落四方。看来,是公元750年的一次"厄尔尼诺"大侵袭,使早期莫切文明解体了。15世纪继印加人攻陷昌昌城之后,若干次"厄尔尼诺"灾变和地震灾害,终使奇穆人东山再起的希望化为泡影。

米诺斯的迷宫

相传远古希腊克里特岛上有个富裕强盛的米诺斯国,国王米诺斯自称是最高天神宙斯的儿子。王后帕西法厄和公牛怪私通,生下一个牛首人身的怪物。牛首怪不食人间烟火,只爱吃人,刀斧不入,横行宫廷,国王对他毫无办法,又怕丢丑,命令建筑师戴达罗斯建座迷宫。迷宫有无数通道和房间,牛首怪关进去以后出不来,外人也难以进入。牛首怪每9年至少要吃7对童男童女,由臣服的雅典城邦国奉献。

雅典第三次纳贡时,王子提修斯自愿充当牺牲品,借以入宫伺机诛杀牛首怪为民除害。提修斯到了米诺斯王宫,公主艾莉阿德尼对他一见钟情,两人倾心相爱。公主送他一团线球和一柄魔剑,叫他将线头系在入口,放线进入迷宫。提修斯在迷宫深处找到牛首怪,经过一场殊死的搏斗,终于杀死了怪物,然后顺原线走出迷宫,携公主返回雅典。

这个故事出自荷马史诗《奥德赛》和古希腊的神话。世上真的有米诺斯迷宫吗?人们寻遍克里特岛,哪有迷宫的影子?神话世世代代流传,大家把它看作是海市蜃楼式的幻想,是面壁虚造的故事。

伊文思找到迷宫

在希腊古籍上有克里特青铜器文化的零星记载,后人在克里特岛上也找到不少铜器和砖石碎片。英国考古学家伊文思(1851—1941)宁可信其有，不可信其无，1894年首次到克里特岛实地考察，被大片废墟所吸引，收集了大批象形文字碎片，回国著成《克里特图画文字与前腓尼基字母》，提出希腊本土古文明可能源于克里特岛的看法。在社会各界的资助下，伊文思于1899年向希腊政府购得克里特岛的大片土地。

伊文思带领工人在只有一座茅屋的克诺索斯发掘，开始了长达25年的考古工作。1900年挖掘工作旗开得胜，头一年就发现了2.33万平方米的米诺斯王宫遗址，在清理出无数浮土后，古王宫墙基重现于世人眼前。

王宫坐落在凯夫拉山的缓坡上，依山起伏。中央是一个51.8米×27.4米的长方形庭院，周围分布着1500百多间宫室。支撑屋面的立柱用整棵大圆木刨光而成，上下一般粗。位于高坡地的西宫多为二层楼，低坡地的东宫为四层楼，北侧有露天剧场，西有一列狭长仓库，东南角有阶梯直抵山下。各宫

室以长廊、门厅、复道、阶梯相连，千门百廊，曲巷暗堂，忽分忽合，前堵后通，神机莫测，扑朔迷离，确实是座名副其实的迷宫，即使王室人员也难以娴熟自由地进出。

牛首怪之说不可信，但米诺斯国王残暴成性，怕人暗算，造一座刺客进不来的王宫供己享用，那是合情合理的。据说设计师戴达罗斯在工程告成后，自己也陷入迷宫出不来了。

大家相信这就是传说中的米诺斯迷宫。是否如此？或许后人还会找到另一个更大的迷宫吧！

出土的石印章、泥版书、金银器等零散文物，今已收藏在岛上首府伊腊克林的博物馆内。克诺索斯出土遗址有的保持原样，有的略为修补复原，以让人重温三千多年前的辉煌场面。在迷宫核心的国王觐见室，石膏复原的御座相当气派，制式与现代高背靠椅相仿。据说当今的海牙国际法庭为了显示其最高权威，首席法官的座椅就是依此御座仿造的。

各宫室、廊道上为数众多的壁画，集中代表了米诺斯文化的水平。觐见室的壁画是三只带有翅膀和蛇尾的鹰头狮身怪兽，伏在芦苇中眈眈虎视，它是克里特人膜拜的图腾。王后寝宫绘有舞女和海豚在海中嬉游的图画。长廊上有《蓝色的姑娘》、《持杯者》、《蛇神》等壁画。南宫墙的《戴百合花的国王》图像如真人一般大小，国王头戴由百合花、孔雀羽毛缀成的王冠，过肩的头发往后飘拂，脖挂金百合项链，身着短裙，腰束皮带，风度翩翩。西宫北墙的《斗牛》，恶牛朝前猛冲，一少年勇敢向前按住牛角，另一少年奋击牛

后，双手扬起、双脚离地弹起一个红装少女，那少女倒立在牛背之上。从这幅壁画中，似乎依稀再现了提修斯奋诛牛首怪的场面。

迷宫何以如此完整

米诺斯迷宫属于什么年代，为什么保存得这样完整？古希腊文明源于爱琴海岛屿，克里特文化是爱琴海文化的代表。早在公元前3000年，克里特岛居民就懂得使用青铜器。按历史分期，公元前3000年到前2100年为早期米诺斯文化，前1500年以后为晚期米诺斯文化。

克里特岛面积8336平方千米,是爱琴海最大的岛屿。中期米诺斯文化时期,以岛北克诺索斯城为中心建立了统治全岛的奴隶制国家,并控制了爱琴海大部分岛屿和希腊南部沿海地区,是欧洲第一海上强国,因而有雅典进贡活人牺牲品之说。公元前1700年前后的一次大地震使岛上建筑大部毁坏,然而经重建更显得漂亮宏丽。公元前1700年开始复建的米诺斯王宫,更是壮丽无比。可是200年后,迷宫忽然销声匿迹,米诺斯文化也突然中断。伊文思发掘的遗址,就是这座最后复建的王宫。

人们苦苦思索:早期克里特人有能力复建被毁的建筑物,晚期反而弃之而去,当时的人到哪里去了呢?从遗址出土的2000块线形文字泥板,被鉴定为公元前1500年左右的遗物,1952年英国学者文特里斯破译其内容,那是希腊半岛迈锡尼人的希腊文字。这证明米诺斯的主人已经换成了迈锡尼人,米诺斯王国已不复存在。既然迈锡尼人统治了克里特,为何不享用这宏丽的宫殿,却忍心把它毁了?

对此,美国人威斯、穆恩、韦伦三人在合撰的《世界史》中这样说:"约在公元前1400年克里特发生了一个突然而神秘的悲剧。克诺索斯的伟大王宫被劫掠了,被焚毁了,克里特的其他城市也遭到了同样残酷的命运。是叛乱吗?是地震吗?很可能是外敌突然扫向那些富庶的城市……"

然而这依旧没有明确的答案。单纯从战乱等人为因素去追踪,永远解不开此谜。从自然灾害方面找原因,却可能有助于问题的解决。有人说,公元前1450年克里特岛再次发生地震,毁了米诺斯的文明。查证灾害地理档案,这一年并没有发生足以毁灭米诺斯的地震,倒是公元前1470年前后,发生过一次骇人听闻的火山灾害。

克里特岛北方130千米有个78平方千米的桑托林岛,岛上有座海拔584米的桑托林活火山。公元前1470年前后,爆发了人类历史上伤亡最大的一次火山大喷发。桑托林火山喷出 625 亿立方米的熔岩、碎石、灰尘，仅次于人类有史以来喷出物最多的坦博拉火山喷发（1815 年，印度尼西亚，喷出物 1517 亿立方米），火山灰覆盖了附近的岛屿，50 米高的巨浪席卷了东地中海的岛屿和海岸，造成数以十万计人口的死亡，并毁灭了克里特岛的一切。岛上可能没有生还者，建筑物不是给海啸卷走，就是被火山灰覆盖了。过了多少年，废墟被泥沙覆盖得严严实实，从希腊大陆移来的居民当然不知道岛上发生过的悲剧了。

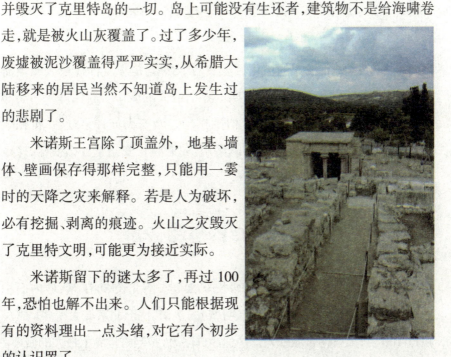

米诺斯王宫除了顶盖外，地基、墙体、壁画保存得那样完整，只能用一霎时的天降之灾来解释。若是人为破坏，必有挖掘、剥离的痕迹。火山之灾毁灭了克里特文明，可能更为接近实际。

米诺斯留下的谜太多了，再过 100 年，恐怕也解不出来。人们只能根据现有的资料理出一点头绪，对它有个初步的认识罢了。

世界第一城——唐都长安

今日中国西北最大的城市西安古称长安,是华夏古代最大最美丽的国都,也是唐代(618—907)时期世界上最大的城市。唐代诗人白居易称:"长安大道横九天";"百千家似围棋局,十二街如种菜畦"。崔颢赋曰:"万户楼台临渭水,五陵花柳满秦川。"唐时长安是个什么模样,这是至今仍让人极感兴趣的一个谜题。

百万人口的唐朝帝都

唐朝长安城近似正方形,东西长9721米,南北长8651米,城内面积84平方千米,相当于现在西安城(明城)的7倍,比旧北京城大得多。居民超过100万,极盛期含城外人口共达300多万,是当时世界上最大的城市。

城墙厚约12米,夯土筑成。每面筑三个城门,正南中门开五个门洞,其他诸门均为三洞高大的门楼。城北正中为皇城,又名子城,筑有城墙,是皇宫和中央政府所在地;南墙开三门,东西各开两门,都与城内主街相通。皇城北端为官城,也筑宫墙,为皇宫禁地;南墙开五门,正中为承天门,北墙开玄武门。

从宫城的承天门、皇城的朱雀门到大城的明德门,正处在南北中轴线上。朱雀门外的朱雀大街,宽达155米,宛若现代机场的跑道,比如今巴黎的香榭丽舍大街还宽35米!以朱雀大街为界,将长安城分为东西两部分,分置长安、万安二县管治,各领55坊。每坊为一独立居住小区。成工整方形或长方形,以墙围护,每面或东西面各开一门,昼启夜闭,仅三品以上官员可在夜间启坊门出入。东西各划一坊为商业区,称东市、西市,内有井

字形街道,分布有220个行业、上万家商铺作坊。小坊500~700米见方,占地25万~40万平方米,可住万人;最大的坊为838米×1125米,面积94万平方米,足可住两三万人。

东西14条大街,南北11条大街,成棋盘格交错,笔直端正,宽畅豁达,街旁开排水沟,植槐、榆树成林荫道。大街将坊间切为方块、长方块,唯见坊墙,不见街房、店铺,空空荡荡,有利于帝都安全。北区靠近皇城,多住官吏、贵族和侨商,加上21府州进奏院(即驻京办事处)驻此,人口特多,购买力特强,所谓"一街辐辏,逐倾两市,昼夜喧呼,灯火不绝,京中诸坊,莫之与比"。当时佛教盛行,大小雁塔高耸,波斯祆教、景教、摩尼教也有寺院,加上外国使臣、商人、教士川流不息,市民以"胡服"、"胡歌"、"胡舞"为时尚,遂有胡姬入市,引得李白诗兴大作,吟道:"胡姬招素手,延客醉金樽";"落花踏尽游何处,笑入胡姬酒肆中"。长安作为一座国际城市,成了世界人民友谊交往的中心,以致后人都以唐为中国的代称,称海外华人为"唐人",呼华人聚居区为"唐人街"。

宫城中央的太极宫为唐皇住所,称"大内",占地1.9平方千米,几乎为北京紫禁城的3倍。宫墙四面开十门,南正门承天门为宏大楼观,皇

帝每逢大节大典均在此阅兵、设宴、接受朝拜。"前朝"(皇帝听政)"后寝"(皇室起居),殿、亭、观、阁三四十所左右排列,严格对称,后世皇宫建筑均遵此格局。太极殿为正殿,即金銮殿,为皇帝坐朝之所。大臣入内启奏,至少要通过皇城门、宫城门、宫门、殿门、禁门五道门卫。

宫城东侧隔墙是独立的东宫,亦有宫墙围护,为皇太子专用宫室,占地 1.2 平方千米,为北京故宫的 1.7 倍,可见其规模之大。

宫城西侧是独立的掖庭宫,规模与东宫相当,住着低级宫嫔、宫女、太监,又是犯罪官僚家属发配入宫中的劳役处,有内侍宦官机构、皇家仓库、习艺所、作坊等等。

北城墙外靠宫城地段,地势高爽,可览长安全城,李世民为其父李渊建太上皇夏宫,后称大明宫,经不断扩建,规模竟超过太极殿,占地 3.27 平方千米,为北京故宫

的 4.5 倍。宫墙重重,殿阁宏大,内有山、水、园林,起居更为舒适,成为唐朝后来实际上的政治中心,正式的皇宫太极殿反而冷落了。皇帝坐朝的含元殿,坐在 3 米高的台基上,面阔 11 间,进深 4 间,是个带有副阶围廊的重檐建筑,占地 3192 平方米,比明、清北京故宫主殿太和殿还大。在太液池西侧高地上的麟德殿,是皇上赐宴群臣、接见蕃臣、观看伎乐、设场诵佛的地方,其功能相当于现代的大会堂、宴会厅、剧院、体育馆,因而规模特大,建筑面积近 5000 平方米,是北京太和殿的 3 倍了!

上述描写都根据考古遗址和史书记载,真实可靠。由此可见大唐之

74

盛,科学技术水平之高,后代再无一个国都及得上长安唐城,这不能不说是一种遗憾。可惜当年城市之规划、工程之设计、施工之组织、材料之制造,史书极少提及,难以详考,终究成为世界建筑史上的一个谜。

十一朝帝都

唐城长安是由于前人 2000 年建筑经验的积累才逐渐达到如此规模的。它是中国建都时间最久的古城,前后历西周、秦、西汉、新莽、前赵、前秦、后秦、西魏、北周、隋、唐 11 个朝代,累计建都时间一千一百余年。其中周、秦、汉、隋、唐为统一国家,故有"五朝故都"之称。

长安位于关中平原黄河支流渭河之滨,8 条支流穿流其间,早在 6000 年前就有人类定居。商朝小诸侯国周在兼并关中各国后,约于公元前 1134 年,由周文王迁都长安,在丰河西岸建丰京(今西安西郊)。武王继位后迁东岸,建镐京。公元前 1066 年,周灭殷商,镐京便成了统一的中国首都。丰、镐隔岸相望,连为一座大城市。公元前 771 年周平王迁都洛阳,丰、镐城被废弃,至今还未探明遗址。

公元前 350 年,战国时代的秦国正式迁都咸阳,即今西安市的北郊(非今咸阳市)。公元前 221 年秦始皇一统天下,迁六国富豪 12 万户来咸阳,大扩京城,人口不下五六十万。因咸阳城窄,发刑徒 70 万众,在城南另建皇宫阿房宫。秦末楚汉争雄,楚霸王项羽入关,血洗咸阳,放火烧了京城和阿房宫,"火三月不灭"。

汉朝刘邦五年(公元前 202 年),在紧接秦京废墟的南边又建长安城,面积 35 平方千米。城墙周长 22.7 千米,高 8 米,基厚 16 米。宫殿占城内面积一半以上,余为 8 街 9 市 160 间民间建筑。隋朝在汉都南面再建新城,汉城被划为禁苑,成为杨氏皇族的私产,人称"杨家城"。

隋是一个短命的朝代(581—617),新都"大兴"城还未完工,便被唐朝取代,复名长安,在大兴城的基础上大规模建都。

唐末藩镇林立,兵火不断,长安屡遭战火,几乎化为灰烬。公元904年,控制汴州的朱温,挟天子以令诸侯,劫昭宗迁都洛阳。朱温命长安居民"按籍迁居",拆房放木,"自渭浮河而下",使一代帝都沦为废墟,唯有大小雁塔屹立无恙。

朱温走后,佑国军节度使韩健为守御之便,将破烂的皇城修复,名为"新城"。他放弃了外城,比起唐城外城实在微不足道。后来各朝都在"新城"的基础上修修补补,长安从此降格为地方性的州府郡城。

小小明城余韵犹存

明太祖洪武二年(1369年),长安更名西安,1378年建成新城,1568年包上青砖,这就是今天所见的西安城墙,也是我国现存最大最完整的一座城垣。

明城西安面积13.2平方千米。城墙周长13.7千米,高10~12米,顶宽12~15米,底厚15~18米,黄土夯筑,青砖包面;有城门、角楼各4座,敌楼98个,垛口5894个;城门三重门楼,每楼都有3个拱形门洞;墙外环以底宽1.2米、上宽30米的护城河。今日登上西安城墙,游览环城公园,无不赞叹古城之雄伟,然它不过是唐城的1/7大而已。今人未能见唐城,于此见其缩影,聊以自慰。

清朝又在城内东北圈(占总面积1/3)建"满城",专供满人居住,使明城可使用的面积更小。清末仅余人口11万。

1949年西安城内人口不过39万余,全部建筑面积400万平方米。今日建成区突破140平方千米,建筑面积已逾4500万平方米,远远突破唐城范围,人口达 200 余万。市东 28 千米的骊山、华清池等历代皇帝别宫,市东 36 千米的秦始皇陵,大雁塔附近的仿唐建筑(陕西省历史博物馆),南门城楼北侧的仿古街,遍布大街的吟诵长安的唐诗牌,都具有极大的吸引力,每年有国际游客 30 多万人,是我国第五大旅游城市。

弗德台地的"崖宫"

1888年冬天，在美国科罗拉多州西南部高原上，两个牧民正赶着牛群前行，忽然一片悬崖挡住了去路。"查理，那是什么？"查理定睛一看，崖壁是层层叠叠的房子，最前面有座巨大的"宫殿"。他俩不敢相信自己的眼睛，"蛮荒之地"怎么会有这样多的房子？他们随口叫它"崖宫"。

北美印第安人最大聚落遗址

发现"崖宫"的消息不胫而走，一批批冒险家进入遗址挖宝，珍贵文物遭到无可挽回的破坏。1906年，美国国会通过保护悬崖遗址的法令，定名为"弗德台地国家公园"。1909年最大的悬崖村出土，1979年这里被联合国教科文组织列为"人类文化遗产"。

这是一片遍布悬崖绝壁的台地，地面长草，树木稀疏，适于放牧。"弗德"即"绿色"之意。16世纪末，西班牙占领墨西哥后，北上侵入科罗拉多高原，称呼这一带印第安人为"普韦布洛人"。普韦、布洛就是西班牙语"村、镇"的意思。当殖民者的铁蹄踏上台地时，村寨已废弃了几百年，荒无人烟，未能引起重视。19世纪初，台地随同科罗拉多州一同加入美利坚合众国。

弗德台地共有1300年前的普韦布洛人村落遗址300多个，方圆210.7平方千米，每个村落就是一个家族的集体居所，外以土砖墙围护，

内有多层成套住房和公共建筑。所谓"土砖",就是晒干的大块泥坯,一般 20×40 厘米宽、10~15 厘米厚。多层房仿印第安人原始祖先的悬崖穴居样式,楼高二层到五层不等,环绕一个中心庭院构筑,逐层向上缩进,使整幢房屋类似一座锯齿形的金字塔,下层房顶就是上层的阳台。楼上下层架木梯,人从楼板的洞口出入。上层大部分房间与邻室有侧门相通,底层房间不开侧门,专供贮藏食物之用。中心庭院有集体使用的活动空地、祭祀房,地下至少有两个礼堂(地穴)。

从出土的彩陶残片、石磨、箭簇、篮筐、石器、骨器、纺织品等等,可知普韦布洛人已有比较先进的生产生活用具,有一定规模的手工业活动,有了以物易物的商业行为。几万人聚居在一个台地上,各村相对独立,彼此近在咫尺,既能互助互济,又能共同对付敌人,这不能不说是一种巧妙的聚合。它没有相连的街道,没有集中的厂坊、商店,没有统治象征的政权组织,还不具备城市的特征,只是一个由农业聚落向手工业商业聚落过渡的大集团。如果没有废弃,用不了多长时间,这里肯定会发展成一座宏大的城市。

哥伦布发现新大陆以前的美洲社会,人们只知道中美存在过玛雅文明、托尔特克文明、阿兹台克文明,南美有印加文明,它们都建立过农业王国,而将北美的印第安人看作是不懂农耕织造、不会造屋的野蛮部落。弗德台地遗址的发现,否定了这种陈腐观念,证明北美印第安人也有相当程度的文明,历史应该重新来写。

梅萨维德的"崖宫"

1909年,美国考古学者出土了台地上最大的一个村落,俗称梅萨维德"崖宫"。在修复了部分房舍之后,这里建了一座博物馆。

这个村落依崖壁而建,占地1.4万平方米,估计当年施工周期50年。村落布局紧凑,有各种圆形、方形的高楼,共有150间民房、23间地穴祭祀房,足可居住上千人。著名的云杉大楼,即查理看到的那座"崖宫",因楼板以云杉板铺成而得名。它是三层楼,长203米、宽84米,地面有114间住房,地下有8间祭祀房。最大的地穴祭祀房足有7间住房之大,可能是全楼公众举行宗教活动的场所。云杉楼的北边有座"杯子房",内藏430只彩陶杯子、盆子、饭碗、缸瓮,这可能是祭器贮藏室。

一栋由25间房间构成的楼房,楼顶房屋建在向外挑出的底楼栋梁上,因而称"阳台楼"。楼下有小道通向地穴,每间地穴长约3米、宽2.4米。考古学家在地穴内挖出人体骨骼和陶器,可能这里是个墓地。

村落四周是悬崖绝壁,天生自然,野兽都难以攀爬。壁面凿出一个个洞,这是为了对付入侵。

村落周围陆续发掘出蓄水灌田的水渠、水塘,驯养火鸡的场地,编织篮筐的作坊,还发现手摇机织造的棉布,白地黑彩的陶器,精美的石器、骨器。墓地埋着屈肢骨架的木乃伊。村落处处闪烁着普韦布洛人的文明火花。

普韦布洛人流散何方

考古证明,远在公元始初,西方称为"编篮者"的北美印第安人已能编织篮筐,栽种玉米。他们住在洞穴或土垒的圆形小屋里,频繁迁徙。到

了公元5~10世纪,这支"编篮者"居民制作彩陶、种棉织布、建造房屋。陶罐是部落妇女的绝活。用不着陶轮,将状如"香肠"的长条陶土放在干底陶土上,逐圈上卷到预定高度,卷完后将内壁和外壁压平,使每圈陶土压到一起成为平滑的罐壁,然后磨光、装饰,再涂上泥釉,烧制。图案一般是三角形几何图和花卉鸟兽,配以黑色、奶油色等主色。

"编篮者"印第安人大约7世纪开始进入弗德台地,12世纪进入全盛期。他们聚族而居,建起规模雄伟的"崖宫"聚落,使外族不敢轻易靠近和冒犯。"编篮者"处于母系社会,部落长为女性,妇女掌管祭祀大权,主持家政,专司制陶。男人从事农业、狩猎、编织,保卫村寨。与此同时,市集贸易兴起,实行物物交换。

西班牙殖民者称这些聚落为"普韦布洛","编篮者"也被称为"普韦布洛人",以与散居的印第安人相区别。其实他们有自己的族名——阿纳萨齐族。

几代人辛勤建造起来的弗德台地大聚落,为何弃而不用?

这是至今没有搞清的谜。目前持自然灾害说的人最多。普韦布洛人平静安逸地在弗德台地聚居了几百年,人口已趋饱和,地力负荷也接近极限。1276—1299年,这里发生了一场持续24年的大旱灾,作物绝收,饮水枯竭。人们只好忍痛放弃家园,向东逃荒,到水源充足的地方去重建家园。"崖宫"聚落从此湮没。

今日散居在北美各地的祖尼、霍庇、台瓦、凯烈等印第安人部落,都是"崖宫"普韦布洛人的后裔。他们的建筑形制、风俗习惯,与"崖宫"居民何其相似。但其村落,再也没有一处达到弗德台地的规模了。

大津巴布韦遗址揭秘

津巴布韦的含意是"石头城"。如今津巴布韦共和国现存的大小石头城遗址就有 200 多处,其中最大一处在首都哈拉雷以南 320 千米、马斯文戈市东南 24 千米处,占地 7.25 平方千米,通称"大津巴布韦遗址",是南部非洲黑人古代文明的杰出代表。

赫赫石头城

大津巴布韦遗址位于三面环山、风景优美的丘陵地上,北面是波光粼粼的凯尔湖。全城所有建筑几乎都用长 30 厘米、厚 10 厘米的花岗岩石板垒成,不用胶泥、石灰之类的黏结物,砌得十分严整牢固,浑然一体。现虽是一片废墟,只剩断墙残门掩映在荒草棘丛中,但仍可窥见其当时规模之大。全城最盛时可容人口 10 万,无疑是当年黑非洲最大的城市。

石头城由三大部分构成:椭圆形的大围场(王城),山顶堡垒状的卫城,两者周围的平民区。

大围场依山傍崖而建,城墙周长 240 米,高 10 米,底厚 5 米,顶厚 2.5 米,城内面积 4600 平方米。城墙东、西、北各开一个城门,东南墙外加筑一道与城墙平行的石墙,长约百米,形成一条宽仅 1 米的阴森甬

道,在其终端有一座直径6米、高约15米的圆锥形实心塔,塔旁长着两棵需数人才能合抱的参天古树,可能是王室祭祀用的"圣塔"。城中心有一个周长90米的半圆形内城,可能是最高统治者视事、居住场所。内外城一组组建筑群均筑有小围墙,曲径相连,错综复杂,门、柱、墙、窗都装饰着浮雕图案,估计是后妃、王室人员的住所。城门和石柱顶端多雕着一只似鸽又如燕的鸟儿,工艺精湛,当地人称之为"津巴布韦鸟",现已立为津巴布韦"国鸟",实际上这是南半球珍贵的候鸟"红脚茶隼"。据估算,仅城墙所用石料就达1.8万立方米,足够建造一栋90层的摩天大楼。

出城门,有石阶通向相对高度100多米的卫城。卫城是整个遗址的制高点,原先堡墙高约7.5米,底厚6米。正面有门通大围场,背面为绝壁。守在堡顶,连一只兔子也别想溜过去。堡内有石头小围墙,将建筑物分割成一块块,其间通道如迷津,建筑与雕饰之精美并不在王城之下。因此,有人认为卫城是国王视事、居住之所,大围场不过是国王的三宫六院。

大围场和卫城周围没有发现大的建筑物遗址,但墙基纵横,有作坊、货栈、商店、铁矿坑、炼铁炉、住宅、水井、水渠、梯田的遗迹,还挖出过中国明代的瓷器、阿拉伯金器、印度念珠等珍宝,显然这是一个庞大而复杂的平民生活生产区。没有这些人的劳动和服役,如何能保障王城和卫城人们的生存?

疯狂的打劫

16世纪初,葡萄牙人侵占莫桑比克时,已经风闻西边有座石头城,但始终不能证实。

1868年,葡籍冒险家亚当·伦德斯潜入津巴布韦狩猎,紧追一头受伤的野兽。出了密林,"啊!"他惊叫一声,迎面山坡上竟然出现了一座巨大的城堡。他持枪闪进石墙间的羊肠小道,东张西望,看不到一个人影。他放胆闯进城内,发现这竟是一座空荡荡的废墟。

1872年,德国地质学家卡尔·莫赫闻讯潜入现场,被当地酋长捉住,一无所获而回。1877年,莫赫再次潜入,绘了地形图,搜刮了一批文物,回国后向世界宣布了他的"伟大发现",胡诌什么石头城类同犹太国的女王行宫,是圣经《旧约》所示的所罗门国王开采金矿的所在地。

欧洲成千上万的寻金迷立刻闻风而动,从四面八方赶到遗址,掘地三尺,遍寻黄金、珠宝,将古城捣弄得面目全非。除了搬不动的花岗石板外,所有能撬、能敲、能拿的东西一扫而空,连津巴布韦鸟石雕都敲得光光,以致到如今石头城之谜更难解开。

20世纪,统治津巴布韦的英国殖民当局采取了某些保护性措施,禁止私挖乱掘,并组织多批考察队进行系统研究才使神秘的石头城日渐明朗化。

非洲黑人不能创造文明吗

一部分西方学者不相信"黑暗大陆"能够创造出如此璀璨的文明,长期抱着"外来人创立石头城"的观点,流行的"腓尼基人创造说"即为此表现。该说认为公元前2000年到公元初,来自地中海东岸的腓尼基人穿越撒哈拉大沙漠,定居于津巴布韦,创建了一系列石头城。15世纪欧洲人开始进入南部非洲,劫掠黑人当奴隶,抢夺财富,以致石头城荒废,使非洲大陆陷于愚昧黑暗状态。

另一种说法排除了"腓尼基人创造说",认为石头城是欧洲人创建的,或是另外的"优秀"外来民族指导非洲人创建的。这个外来民族可能是"天外来客",即来自地球外的外星人。

如果是"外来人"建造的,为什么"外来人"不在史书上载明,为什么全世界的史书都找不到片言只语?

通过放射性碳定年法测定石头城及其出土物,以及一系列考古论证,如今已完全否定了某些西方学者的偏见。石头城晚至公元5世纪才有人类定居,公元10至11世纪成为铁器时代一个部落的大聚落,13世纪发展成一个强大的国家的中心。最有说服力的证据是"津巴布韦鸟"石雕,这种鸟是津巴布韦一个部族世代崇拜的图腾,至今许多津巴布韦居民依然信奉着。王城与卫城分立,政权与宗教分离,是非洲黑人自成一格的典型习俗,丝毫看不出外来人的影响。对津巴布韦全国七个省的调查显示,民间世代口头相传的口述证明,确有一个擅长片石砌墙的部族。这个部族在11世纪创建了马卡兰加王国,定都于大津巴布韦遗址,开始营建都城。后来这里被莫诺莫塔帕王国取代,继续扩大都城,15世纪进入极盛期。石头城是"土产",这已是肯定无疑的。

莫诺莫塔帕是"矿藏之王"的意思。当时王国大量开采铁、铜矿,首都就是矿冶业的中心。有了雄厚的经济实力,才有可能建造这样大的城市,维持这么多的非农业人口,并有剩余的金属与外界交换,吸引阿拉伯人、印度人前来贸易,因此在出土文物中才能发现阿拉伯金器、印度珠宝和中国瓷器。

由于没有文字资料,难以弄清这一过程的具体细节,马卡兰加和莫诺莫塔帕两个王国的具体年代和社会结构尚难弄清。

15世纪末,石头城被抛弃了;莫诺莫塔帕王国也瓦解了。为何消亡,这又是一个难解的谜。它肯定是非洲本身的内因,与欧洲人绝无关系。欧洲人是在石头城被抛弃近百年后才到非洲南部的,而且是在津巴布韦的外围活动。第一个看到石头城遗址的欧洲人是在1868年,这已是过了300年之后的事了。在此之前,不能排除欧洲人偶然来过这里,但他们也只是过路之客,未对古址做过破坏。

　　石头城之被遗弃,较有说服力的一种解释是:15世纪末,莫诺莫塔帕王国的矿场采竭了,牧场又过量放牧,农田因连年劳作而肥力下降,生态日趋恶化,工农业产值锐减,养活不了石头城那么多的居民。有一年大旱,野火烧毁了庄稼、森林、草原,生路断绝,人们不得不放弃石头城,向北迁移。因此,石头城能够完整无损地保留下来。若是被异族攻陷,势必支离破碎。可惜,大石头城却禁不起500年风霜雨露的剥蚀,特别是19世纪西方强盗的抢掠挖掘,终使古城化为了废墟,为后人留下了又一个千古之谜。

婆罗浮屠塔

婆罗浮屠即梵文"山丘上的佛塔",别称千佛坛、千佛塔,坐落在印度尼西亚爪哇岛中部默拉皮火山之麓,日惹市西北41千米处。

千佛塔包了一座山

婆罗浮屠规模宏大,塔不像塔,庙不像庙,陵不像陵,远看像一座小山,近看似成排窑洞,是世界上最奇特的佛教建筑。

婆罗浮屠整体是一座实心佛塔,用200万块火山岩砌块包进一座小山丘,没门、没窗、没房间、没梁柱,是百分之百的"石头方丘"。它占地1.23万平方米,使用石砌块5.5万立方米,高达42米。

千佛塔下方上圆,共有10层,呈阶梯状逐层缩小。底下两层是基座,呈正四方形,最底层边长111.5米,四面正中有石级通向塔顶。3至7层也是方形,边长从89米逐层缩小到61米。这下7层方阶象征"地"。8至10层改为圆形,直径分别为51米、38米、26米,象征"天"。顶端是直径9.9米、高7米的主塔,状如覆钟,佛教称为"窣堵坡"。

整个建筑工整严谨,忠实体现了佛教天地分界的教义。中部五层方阶为"地界",每层外侧都有障壁,形成四面环绕的重重廊道,通廊内视野封闭,人行其中不见外面,目光所及只是头顶的青天和两壁的宗教图像。每隔数步有一石壁佛龛,内供一真人大小的坐禅佛像,共有432尊,神态各异，千姿百态。廊壁满是浮雕，描绘取材于大乘经典的释迦牟尼故事，从中可以窥见印尼古代的社会风貌。壁画总长 4 千米，面积 2500 平方米，内行连环故事 1460 幅、装饰性浮雕 1212 幅，是人间罕见的石头画卷。

上部三层圆阶为"天界"，外无壁障，自方阶至此，豁然开朗。层层布置的形制一律的小"窣堵坡"，3 圈共 72 座，拥簇着顶层中央的大"窣堵坡"，势如众星拱月，象征佛教悟道，达到最高境界。小塔外雕莲花图案，内部镂空，各置真人大的跌坐佛像一尊，人们只能从塔身的菱形孔中窥到佛躯的一部分，使人产生神秘感。

海拔 3150 米的默拉皮火山喷出缕缕青烟，每两三年爆发一次。巨塔周围碧翠欲滴，热带雨林茂密。一为破坏，一为创造，两者和谐结合在一起，真乃天作之合!

惊天动地的工程

印度尼西亚是个信奉伊斯兰教的国家，为何兴师动众建造这么大的佛教建筑?

婆罗浮屠建成于公元 824 年。8 世纪到 9 世纪统治中爪哇的夏连特王朝皈依佛教，不知从哪里迎来一撮释迦牟尼的骨骸。为了珍藏佛骨，征用了几十万名奴隶，用 15 年时间建了这座佛祖的陵庙。每方砌块重达 1 吨，这要花多少人工去开采、雕凿、磨平?婆罗浮屠规模之大，只好将一座现成的小山利用起来，略为整削，外包砌块。即使这样，也用了 200 万块石料。505 尊真人大的佛像，4 千米长的石雕画卷，精致的佛龛和窣堵坡，无数的栏杆和小装饰，需用多少画师、雕刻师?显然，夏连特王朝耗尽了国力，不仅征用了本国奴隶无偿劳役，也延聘了国外大批名师巧匠。

关于建筑形制，既不是佛教本源的印度婆罗门式，也不是中南半岛的缅甸、泰国式,更不是本地的原始宗教式。而是三者的大杂烩,相当巧妙地将这三者融为一体。底方上尖的角锥塔,是印尼古代原始崇拜、祭祀祖先的建筑物,经改动后,吸收印度、中南半岛的覆钟形佛塔体式,成为下方上圆的"浮屠",顶部的宰堵坡则成尖锥覆钟式的佛塔。你中有我,我中有你,独树一帜。

顶端主塔里,曾经端坐一尊未雕完的佛像,而今空无一物。此像最为珍贵,模样如何?用什么材料雕的?令人神往。

佛骨葬于何处,是不是藏在主塔里?也是一个天大的谜。或许根本就没有佛骨这回事。佛祖早已去世一千三百多年,骨殖早已风化,印尼还能拿到他的遗骨吗?

悄然失踪

费巨力建了这座佛塔,可惜却只经历了150年的香火旺盛时期。公元10世纪,印度婆罗门教传入爪哇,马打兰王朝取代了夏连特王朝的统治,政治中心东移,王室改奉婆罗门教,婆罗浮屠的香烟顿时冷落。15世纪伊斯兰教传入印尼,排挤了佛教和婆罗门教,印尼逐渐伊斯兰化,婆罗浮屠终被彻底遗忘。

默拉皮火山频频爆发,熔岩虽流不到婆罗浮屠,灰尘却是源源而落,将塔面蒙得严严实实,火山泥浆将塔座埋在土底下。火山灰肥沃,草木钻石缝而生,长成参天大树,使整塔成了森林,后人再也不知道这里有座大塔。它走出了人们的视野,仅从民间传说中人们才知道它的存在。

婆罗浮屠就这样永远地消失了吗?

重见辉煌

18世纪,印尼沦为荷兰殖民地。荷兰总督从民间传说中得悉日惹市北的默拉皮火山脚埋着一座古庙,1814年他下令工程师科尼利厄斯前往寻找。工程师雇佣当地民工200人,砍伐塔身上的树林,现出一个下方上圆的轮廓。清除上部数米厚的浮尘,挖掉基座10米厚的淤泥,终使婆罗浮屠重见天日。

1834年,荷兰殖民当局再次清淤伐树。1835年,德国建筑学家莎弗尔对这座古佛塔甚感兴趣,万里迢迢来到爪哇,首次拍摄了5000张佛塔全景和局部的照片。1873年,荷兰雷登博物馆首次出版了研究婆罗浮屠的丛书,终使古塔名扬天下,前来朝圣的佛教徒和考古学者络绎于途。1885年,荷兰学者艾苏曼在雇人清除方层污垢、剔除石缝草丛树根后,幽暗的廊道出现在人们眼前,廊壁浮雕琳琅满目,这又一次轰动了世界。

在这发现、清淤、考察的过程中,由于无人监督,不少佛像和雕刻品被敲被窃。最要命的是1898年,崇奉佛教的暹罗(今泰国)曼谷王朝的朱拉隆功国王来印尼亲善访问,慕名朝拜婆罗浮屠。当地管理官员见国王啧啧称奇,为表示友好,装了8车文物,其中包括5尊大佛像、50幅石刻浮雕、两头石狮、一些石雕珍禽异兽、大量有浮雕的塔体砌块,一股脑儿统统送给了国王。当地人信奉伊斯兰教,视浮屠文物为草芥、垃圾,暹罗王却视若珍宝,满载而归。

无政府状态下的捣弄,加上几百年的侵蚀风化,树根撑裂石缝,草丛剥蚀石面,整个古建筑摇摇欲坠,呈现一片凄凉破败的惨相。1890 年,荷兰当局成立专门机构加以管理,进行小修小补,1907—1911 年第一次进行较大规模的修缮,主要加固千佛塔底部防止倒塌,本拟用钢筋混凝土加固基座,修复佛龛、主塔、牌楼,但均因技术和经费等原因未能实现。

印尼独立后,婆罗浮屠的修复进入有序状态,政府不断呼吁联合国协助保护这一濒毁的伟大建筑。1967 年在美国举行的东方学者国际会议上,学者们通过了督促联合国协助印尼政府挽救佛塔的决议。会后,法国古建筑学者格罗斯利和荷兰地质学家沃特,联袂到印尼实地考察,向联合国教科文组织递交了调查报告。

1971 年联合国在印尼日惹召开专门会议,通过修复方案。1973—1983 年修复工作完成,几乎是全拆重建。190 万块沉陷错位的石块都被卸下来进行"净化"处理,再安放在原来位置上。塔的内部建起排水系统,塔身紧贴原始岩山部位铺设了不透水层,台基以钢筋混凝土加固,同时清洗石面的苔藓、污迹,缺损部位用新石块取代,涂上颜料,整新如旧,与旧石浑然一体,让游人看不出新旧之别。佛像和壁画是能补就补,补不成待以后处理。

1983 年 2 月 13 日,婆罗浮屠耗资 2500 万美元终于整复如初,印尼总统苏加诺主持了完工仪式。以佛塔为中心,印尼政府建起 85 万平方米的国家公园。为减少佛塔的磨蚀,只准游客穿软拖鞋或软套鞋登塔,从四个方向分流参观。

遗憾的是,505 尊真人大小的佛像中,43 尊不知下落,300 多尊也没了头。虽历年在丛林中找到一些被斩石像的"首级",复归原身,然而无首佛像仍占了一半左右。至于破损或整幅被盗的壁画,更是比比皆是,着实令人无限惆怅!

神奇的敦煌莫高窟

在丝绸之路河西走廊西端敦煌城的东南,有座海拔1330米的三危山,断崖密布着蜂巢似的石窟,近看似窑洞,远望如层楼。这就是蜚声世界的莫高窟,中国古代最辉煌的"美术馆"。

世界佛教艺术宝库

在三危山南北延伸1618米的断崖上,上下五层密布上千个石窟,现存较完整的有492个窟。窟前流动着一泓细长的泉水河,河边长着大片白杨林和红柳树,林间错落一些寺院、住房和小块耕地。没有这泓细水,沙漠中是不可能存在这个宗教建筑群的。

大窟广达268平方米,小窟只能伸头进去看。最大的96号窟,30多米见方,洞高40米,赛似9层楼;外修门楼、回廊。各窟共供奉彩塑佛像2145尊,最大的一尊坐像高达33米,小者高不盈尺。窟内金碧辉煌,绚烂夺目,四壁绘满壁画,总面积4.5万平方米,若按2米高度平展,可构成25千米长的画廊。高5米、宽13.5米的《五台山图》,是我国现存最古老的壁画地图,它展现出太原到五台山的地理风光,并绘有建筑立体图像170多个。高1.2米、长16.4米的《张议潮夫妇出行图》构图精细、栩栩如生,清晰可辨的人物共有235个、马111匹。

从丰富多彩的塑像、壁画、经卷中,人们可以了解到 700~1600 年前的政治、经济、文化和民情风俗。壁画上历朝服饰齐全、用具真实,是剧团、影视制作者取经仿造的圣地。难怪国际上兴起了专门的"敦煌学",赞誉莫高窟是"世界佛教艺术最伟大的宝库",1987 年被列入"世界文化遗产"。

莫高窟长期被人遗忘,自然的沙侵风蚀,国外强盗的滥肆窃掠,直到 1943 年才设立了敦煌艺术研究所加以保护。我国有关部门进行了大规模修葺,在危崖上砌起石坡,建造 400 多米长钢筋水泥廊式的栈道,所有洞窟都加固并增设门窗,临摹了壁画,出版了系列研究专著和画册。

是谁创建了莫高窟

莫高窟的创建颇具神话色彩。前秦建元二年(366 年),游僧乐傅来到三危山,忽见 3 个山峰金光耀眼,眼前幻现万佛群像。他朝空膜拜,许下兴造佛窟的誓愿。此后他到处化缘,雇来工匠,凿了第一个石窟。

其实,金光是黯红色山岩在夕阳下的反射,佛像是乐傅的幻觉。更重要的是大漠中有此岩山,崖下有条"大泉",当时是条河流,真是千里难觅的孤山绿洲啊!没有这个地理条件,佛和人都会渴死的。

不久,法良禅师从东方来到三危山,朝拜乐傅凿的佛窟,在旁边凿了第二个石窟。三危山出现万佛幻象的神话传开了,信佛的人纷纷前来朝拜,仿效乐僔、法良凿起佛窟。王公贵族、大小官吏、商人、市民、从良妓女、穿越沙漠去西域发财的骆驼行商纷纷捐钱雇工开凿,留下祈求福佑的题名。从北魏、北周、唐、五代、宋、西夏到元朝,延续900年,开了1000多个石窟。

唐武则天时代最盛时,这里已是千窟"千佛洞"圣地了。石窟外面有木构檐廊,曲折的阁道披上金碧辉煌、炫目美丽的彩绘,朝拜者和修炼者熙熙攘攘,礼佛声响彻云霄。

三危山石质松散,无法直接雕佛于岩上,佛窟都以木架、石块为胎身,封泥塑成佛像。四壁凿平抹泥,绘上彩画。图像集中国、印度、埃及、拜占庭、古罗马的艺术风格于一身,将西土佛教"中国化",通过宗教题材反映现实生活,创造出灿烂的敦煌文化,其中尤以多姿多彩、数量众多的伎乐天、飞天最为优美。

壁画中最精彩的部分是"供养人像"。供养人即出钱凿窟的"窟主"和"功德人",他们凿洞造佛之后,都在壁上留下图画,画上他们虔诚礼佛的形象,题上自己的职衔、姓氏。图上表现出历代的生活情景,从衣冠、饰物、礼仪、车辆、乘骑、工具、房屋、家庭摆设到作战、狩猎、打鱼、耕作、建房、推磨等细节,丝丝入扣,淋漓尽致,无疑是最真实的历史记录,是史学家第一手的资料。

其实,莫高窟的出现,是历史的必然。早在2200年前,新疆罗布泊碧波盈盈,湖滨有个"楼兰国",中原去西域都取道楼兰,敦煌便是楼兰进入中原的哨口。汉朝开辟了丝绸之路,敦煌更是成了交通枢纽,中西文化在这里交汇。公元前111年,汉武帝置敦煌郡,辖有6县1.2万户、3.8万人。魏晋南北朝战乱频繁,人们企求解脱,从印度佛教中寻找精神寄托。由于当时上下提倡,崇佛成风,敦煌便成了"进口"佛教的大邑,必然会有莫高窟这样的宗教建筑。印度早期的佛教建筑就是石窟,莫高窟不过是祖源地的引申。唯其"中国化",而更加丰厚、精彩,青出于蓝而胜于蓝。

藏经洞封闭之谜

藏经洞藏宝最多,名震中外,迷雾重重。它是莫高窟的第17窟,是个极不显眼的小窟,洞门仅高1米,内部长宽2.5~2.7米,近方形,顶为覆斗形,空间不过19立方米。北壁绘枝叶交接的菩提树两株,西壁嵌石碑一块,内供高僧塑像一尊。第17窟的洞门开在第16窟甬道壁上,实际上是第16窟的复洞。

莫高窟在改朝换代和战乱中,总有一段时间无人管理。收藏品没有交接,也没有档案记录,于是它们便成为了永远的秘密。公元1035年,地方割据政权西夏国占据敦煌,当地官员和僧人仓促逃亡,将一批宝物藏于莫高窟某洞,封洞的和尚未再回归,一直封闭了八百多年。

19世纪末,莫高窟由道士王圆箓当家。佛窟由道士管理,足见圣地的荒凉和无政府状态。王道士化缘得了一些钱,自作聪明维修起佛窟,按道家的样式涂掉古代壁画,打掉佛像,换上红胡子的王灵官(道教尊主),使佛窟遭受了一次不可挽回的损失。

1900年5月26日清晨,王道士率众清除崖壁最底层的积沙,当扫到第16窟甬道时,忽听北壁"砰"的一声,裂开一道缝。王道士用旱烟管敲击,壁面"咚咚咚"发响,里面似乎是空的。众人撬开裂缝,前面出现了一扇紧闭的小门。开门一看,洞内堆满数不清的经卷、文书、绘画、佛像、法器……这就是藏宝5万余件的第17窟。文字有汉、藏、梵、怯卢、粟特、和阗、回鹘……种类有绢画、刺绣、手抄经书、印刷史籍、诗赋、小说、地志、户籍、账册、契据、公文、信札,年代从4世纪迄11世纪,真是无价之

宝啊!

　　王道士不识宝,不懂得这些东西的价值,随意挑了几卷送给敦煌县长汪宗瀚鉴别。汪识货,又找王道士要了一批,作为官场结交的礼品,小部分辗转流传到北京。甘肃省藩台奏报清政府,提请将文物运来省城保管。清廷一算运费要五六千两银子,不肯拿钱,下令照原样封闭起来。政府不再过问,王道士也未认真保管。

　　据20世纪80年代考古测定,藏经洞封闭于公元1035年之前。那时敦煌称瓜州,由曹氏政权割据。西夏国扫荡河西走廊,曹氏覆亡,逃亡前,将官府文书档案运到莫高窟,连同寺窟重要经典一齐存于第17窟,封上泥巴,又将第17窟的外洞第16窟伪装一番,用泥盖掉原有的晚唐壁画,刷上曹氏晚期的壁画。封洞的和尚一去不回,从此经卷下落不明。

洋鬼子伸来魔手

　　清光绪五年(1879年),匈牙利地质调查所所长洛克济偕同斯希尼,偶然路过敦煌,看到精美的莫高窟壁画和佛塑,1902年在德国汉堡的国际东方学者会上,他作了敦煌佛教艺术的学术报告,引得在座的斯坦因垂涎三尺。后来斯坦因担任英国在印度西北边境地区的总视学,曾两度到新疆探险。1907年初他到敦煌侦查虚实,适逢莫高窟庙会,人多不敢轻举妄动。同年5月,斯坦因雇来中国通译蒋孝琬,自称循着唐玄奘的足迹来宋朝圣,说得王道士十分感动。王道士给斯坦因看了密室写本,揭开奉行重封的窟门。斯坦因在堆积如山的宝物前惊呆了,发誓要"救出"这些被幽禁的遗物。他用130英镑的"布施"换来无价之宝,整整装了24箱手稿、5箱绘画和艺术品,16个月后平安运抵英国,藏入伦敦大英博物馆。

1914年，斯坦因再度来到莫高窟，又以"布施"的手法，从王道士手中骗走5大箱600多卷经书。

法国伯希和及其助手努奈特来迟了一步，1908年7月他们找到王道士，塞给他50两银元宝的贿金。伯希和懂汉文，得到了斯坦因忽略的但是更有价值的东西，他精选了6000余卷文书，偷摄了所有洞窟的全部壁画，满载而归。

1911年10月，以吉川小一郎、橘瑞超为首的日本探险队，在敦煌住了4个月，买通王道士后，吉川窃得100多卷经书、两尊塑像，橘瑞超得到360卷手写经书。

1924年，美国华尔纳带队来到莫高窟，藏经洞的精品这时已经被搬得差不多了，他们便将目标转移到壁画和塑像上，用特制化学胶布揭去无比精美的唐代壁画26方，并搬走几尊最优美的唐代彩塑。当地人民无比愤怒，诘问王道士，责成县长追回被盗宝物。华尔纳尝到甜头，翌年再来行窃，但到酒泉听到群众冲击县长的消息，不敢前进，派代表到敦煌疏通，被斥拒，夹着尾巴鼠窜回国了。

上述外国强盗所窃赃物，都堂堂正正运到我国海岸装船，且在北京举行"庆祝"宴会，大谈其"如许遗文，失而复得；凡在学界，欣慰同深"，如此骇人听闻的打劫，如此腐败的政府，我们这一代人实在难以理解。清廷风闻窃案，不但不敢追究，还赐给王圆篆300两香银，命他"妥为保存，毋再遗失私卖"。经过国内学者一再呼吁，清政府才下令将残存经卷悉数运到北京保存。地方当局沿途层层盗窃，到京只剩8600多卷。这就是现存北京图书馆的残缺部分。50000对8600，只剩1/6的"残渣余羹"，多么惨痛的损失啊！

独石教堂谜团

在埃塞俄比亚首都亚的斯亚贝巴以北350千米的拉利贝拉，海拔2500米的约瑟夫主教山麓隐藏着一座"教堂城"。从地面看去，山坡没有什么建筑物。走近一看，11座石构教堂全部设于地下，建筑物顶端与地面齐平。原来这是世界上独一无二的独石教堂，被联合国教科文组织列为"世界文化遗产"。

岩山掏空成教堂

每座教堂占地50到几百平方米，相当于三四层楼房之高。乍一看，好像是用一块块石砖堆砌起来，实际上每座教堂都是用一整块巨岩凿出来的。四周深挖沟壑而与山体分离，岩石内部掏空，成为各自独立的巨岩教堂。

拉利贝拉处于火山凝灰岩地带，岩石裸露，群山染上斑斓的色彩。工匠首先选择完整的没有裂缝的巨岩，除去表层浮土和软岩，往四周挖5~12米深的深沟，而后在巨岩内预留墙体、屋顶、祭坛、柱、门、窗，将空间凿掉，精雕细刻，修饰镂空窗户，最后成为一座宏丽的教堂。有的甚至还凿成楼房，分为三四层。全部教堂不用任何灰浆和黏合剂，真乃鬼斧神工！

11座教堂分为3群，各有特色，并由地道、深沟、涵洞、回廊连为一个整体,仿若一个小城镇。

其中最大的教堂叫"梅德哈尼阿莱姆",意为救世主教堂,由一块长33米、宽23.7米、高11.5米的红岩凿成,面积达782平方米。屋顶为阿克苏姆式尖顶,窗棂也镂雕成阿克苏姆式石碑模样。室内预留28根石柱,磨光并雕上了图案,光可鉴人。这里多处突出阿克苏姆文化,显然是为了纪念阿克苏姆祖先。

圣乔治教堂凿成十字架形,平面屋顶也雕凿了一个巨大的十字架图案。从空中俯瞰,犹如一个大十字架平置于地面。

戈尔戈塔教堂是埋葬拉利贝拉国王的墓地,室内有雕刻精致的凳子,雕有十字架的挡板,还有一个没有支起来的石十字架,据说都是国王的遗物。

圣玛丽教堂内部装饰精美,天花板和拱门有光彩夺目的绿、黄、红色图案,有的是几何图形,有的是动物图像。

塔曼纽尔教堂为两层楼建筑,红墙上镶着几何图案,楼板拱梁特意凿成仿木制式,窗口有阿克苏姆石碑式雕刻棂格。

曾是扎格王朝的都城

独石教堂纯粹是宗教建筑群,周围没有民用建筑和市镇,教士们靠什么供养自己?他们的生活服务网在哪里?说它曾经做过国都,实在值得怀疑。

它于1974年被重新发现。据多年考证,它已荒废了六百多年。它原名罗哈,11世纪曾作为扎格王朝的首都约300年,后以国王的姓氏而易名为"拉利贝拉"。

埃塞俄比亚是黑非洲最奇特的一个国家,除在现代被意大利占领过几年外,一直保持着自己的独立地位。基督教是该国的主要宗教,国家长期由基督徒统治,这也是其他黑非洲国家所未见的。早在公元2世纪时,埃塞俄比亚北部以阿克苏姆为中心就建立了一个独立国家。3—6世纪极盛一时,阿克苏姆王朝的势力向东北扩张到阿拉伯人地区。320—325年,国王厄查纳皈依基督教以对抗阿拉伯文化。10世纪末,国力渐衰,在穆斯林的逼迫下向南迁都,终被扎格王朝取代,另择罗哈村为都。

扎格王朝1181—1221年在位的国王拉利贝拉,征调5000匠人,用30年时间凿成独石教堂。这些教堂兼宗教、政治、军事三项用途,是王室的住地、祈祷场所和防御要塞。为何要凿独石教堂?据说是为了安全和隐蔽,避免外族的入侵。另一说是出于宗教上的需要:教堂必须同大地连成一体,建筑根植于地,上连人体,上下界浑然一体,以取得上帝的庇佑。

有人说,阿克苏姆王朝的一些先进建筑技术(如使用胶泥)失传了,拉利贝拉只好采用原始的凿岩造屋方法。凿岩造屋的水平比垒砌法低吗?这是不能自圆其说的。何况,教堂内有许多阿克苏姆石碑式的雕刻品,怎能说技艺失传呢?这种石碑属记功、祭祀类纪念碑,高达几十米,重四五百吨,类似埃及的方尖碑,今日仍是埃塞俄比亚古建筑的标志。种种事实证明,扎格王朝是阿克苏姆王朝的继续,独石教堂的工艺传自南迁的阿姆哈拉族。

13世纪末,来自不同世系的耶库诺集团日益强大,最后取代了扎格王朝,政治重心遂逐渐南移,14世纪初都城自拉利贝拉迁至绍阿,变成绍阿王都。拉利贝拉留给基督教会管理,但因文通不便,终被废弃湮没于丛莽密林中,后来连本国人都不知道了。

独石教堂重新发现后,整新如初,仍归教会使用,现已有1000多名教士,每天都有朝圣者前来参加宗教活动。人多时,须另搭帐篷供游客住宿,周围还形成了2000多人的市镇,建有飞机场和旅馆等服务设施。

黑色犹太人的谜团

在兴建独石教堂当中,不能排除使用黑色犹太人的可能性。所谓黑色犹太人,是埃塞俄比亚的一个古老民族,为犹太人和埃塞俄比亚人的混血种。他们自称是公元前10世纪,犹太国王所罗门和埃塞俄比亚女王示巴的私生子的后裔。历史学家认为此说并不可信。黑色犹太人应是公元前8世纪,亚述国俘获的以色列战俘流落到埃塞俄比亚后与土著混血的后裔。这支混血人在公元初繁衍到上百万人,后来大部分皈依基督教,成为王族的中坚,大部分国民自称属于"所罗门血统",而坚持信仰犹太教的混血人则遭大规模屠戮,残留一部分沦为奴隶,一部分逃进北部的锡缅山隐居下来。扎格王朝属于"土著血统",与犹太人势不两立,对犹太人绝不会手软,在当时劳动力严重缺乏的情况下,估计肯定使用了犹太奴隶。后来的扎格王朝,正是被"所罗门血统"的绍阿王朝取代的。

那些"顽固不化"坚持信奉犹太教的黑色犹太人,被称为"法拉沙",意为"外来户"、"逃亡者",最后只剩5万人,处于与世隔绝的原始状态。20世纪70年代,在头人"回耶路撒冷"的号召下,法拉沙人真的"逃亡"了,携家将雏,不畏万难,向北方的苏丹国迁徙,准备出走以色列,结果被苏丹国圈在难民营内。在美国的帮助下,以色列架设了"空中桥梁",实施秘密的"摩西行动",派出运输机接运自己的"子民",历时10年,运走黑色犹太人3万多人。至此,纯种的黑色犹太人在埃塞俄比亚基本绝迹了。

千古之谜秦皇陵

西安城东 36 千米的骊山北麓、渭河南岸,埋葬着中国历史上第一个皇帝秦始皇。陵园占地 2 平方千米。由于地面建筑物早已荡然无存,现只能看到一个残高 47.6 米、面积 12 万平方米的坟山。这座历经两千两百多年剥蚀的封土,高大雄伟,显示出皇权凌驾一切的威严气势,也引出了一个个千古之谜。

封土之谜

东汉班固在《汉书》中说:"上崇山坟,其高五十余丈,周回五里余。"如果折算成今天的高度,封土高 115 米,周长 2167.8 米,每边长 541.95 米。这个四方形的土台体积可达 1124 万立方米,须以 1124 万个工日夯筑,加上取土运土的工日,工程之浩大令人吃惊。当年站在平地上仰视坟丘,那是一个占地 29.3 万平方米的方台,相当于现在在天安门广场上矗立一座 40 层的摩天土台。高不可攀的帝王气派完全显示出来了!

经过漫长岁月的风雨剥蚀和人为破坏,封土矮了、小了。经过 1962 年、1982 年的实测和航测,封土高度剩下 47.6 米,底边周长仅余 1390 米,面积缩为 12 万平方米,比原来缩小一半还多。与此同时,外表也变成浑圆馒头状,没棱没角,成了一座低矮的绿山。

当年封土北侧有 287 级台阶,拾级登冢顶可览四野风光。冢顶曾植

柏树，现不知毁于何时。据史书记载，封土上还曾有玉石刻的松柏树、石刻的动物雕像，可惜早已不知去向，到 1949 年时只余一座荒秃秃的黄土丘。

封土下部用从墓坑挖出的土回填，中、上部的土又取自何方？北魏郦道元在《水经注》中说："始皇造陵取土，其地淤深，水积成池，谓之鱼池，在秦始皇陵东北。"今日陵东北 2.5 千米处果然有个鱼池村，历代都深信不疑。新中国考古学者化验封土上中部的土质、色泽、粒度，与鱼池村洼地的泥土全然不同，而与陵南三刘村骊山北麓的土相同。后者路近，又是下坡，省工省力，取了土可以降低陵南高度，使陵区四周地势均衡、对称，突出陵冢的气派，何乐而不为呢？这是可信的。

那么，鱼池村的土跑到哪里去了呢？1989 年在封土正北 2.8 千米处发现秦代水坝遗址，坝土正与东侧鱼池村同类型。一个谜被解开了。

地宫之谜

秦始皇陵最大的秘密在封土之下。汉高祖刘邦历数项羽罪状："项羽烧秦宫室，掘始皇帝冢，私收其财物。"郦道元又说："项羽入关发之，以三十万人，三十日运物不能穷，关东盗贼销椁取铜，牧人寻羊，烧之，火延九十日不灭。"说得有鼻有眼，秦陵经楚霸王项羽的发掘、盗运、焚烧和牧羊人的失火延烧 90 天，早已荡然无存矣！

1962 年开始，考古学者在 25 万平方米的陵墓周围，打了 300 多眼探井和 4 万多个探孔，认定地宫宫墙和甬道中的土层结构清晰，无人为破坏痕迹，又取中心部位封土土样分析，汞含量高出普通土壤 280 倍，以世界上最先进的测汞仪遥测，发觉地宫中心弥漫着水银气体。汞遇空气蒸发，地宫若有盗洞必然挥发净尽，由此可见，地宫尚处于密闭状态，秦始皇仍安息在地下皇宫之中。有朝一日发掘出来,必是人类历史上最壮观的考古发现。是否如此,还待将来的事实来证明。

若地宫无恙,会是个什么形状呢?据史书记载和现代考古推算,地宫面积略小于封土,上部覆15米厚夯实的砂土,再下去是约35米高的寝宫。地宫近似方形,厚达4米的宫墙包砖,防渗又防潮,东西宽485米,南北长515米,总面积25万平方米。

古今中外,还没有这么大的墓穴啊!

司马迁的《史记》写道:"穿三泉,下铜而致椁,宫观百官奇器珍怪徙藏满之,令匠做机弩矢,有所穿近者辄射之。以水银为百川江河大海,机相灌输。上见天文,下具地理,以人鱼膏为烛,度不灭者久之。""穿三泉"就是掘到第三层的地下水层,在出水处灌注铜液,堵塞碳酸钙类的"文石",然后涂丹漆以防渗防潮。宫墙用大理石封面,顶部可能是拱顶式。按"视死如生"建成的"地下天堂",仿照阿房宫形制,有众多的寝殿、便殿、回廊、角楼、阙门,雕梁画栋,金碧辉煌。拱顶用夜明珠制作日、月、星辰、银河、二十八宿等形象,装饰青龙、白龙、朱雀、玄武、扶桑、桂树、金乌、玉兔等图案,闪烁发光。宫室地面按中国版图36郡形势布置山川五岳,江河湖海循环往复流动着水银,"水"中游动着金银制作的舟楫、鱼、龟。铜质的秦皇棺椁放在中国"版图"上,周围点着铜柱长明灯,文武百官、三公九卿的雕像按化次肃立,随时听从"召唤"。精致的生活用具和珍禽异兽以金银宝石制成,宛如生前照样供秦皇使用、赏玩。主宫四面有斜长坡墓道,设置不同用途的嫔妃侍从的宫室和贮藏库。全宫暗置机械控制的弩机,盗贼入宫即遭飞矢,加上弥漫在空间里的水银蒸气,必使入穴者身亡。

布局之谜

封土及其地下墓室仅是陵园的核心部分,所占面积不过 1/10。封土外面还包着内城,城墙南北长 1355 米、东西宽 585 米,周长 3870 米,面积 79.3 万平方米。墙东、西、南各开一门,北开两门,各门有巍峨的阙楼,内城之外另包着外城,南北长 2165 米,东西宽 940 米,周长 6210 米,内外城总面积达 203.5 万平方米,合 3052.7 亩,相当于现代一个中型飞机场,比北京故宫大 1.8 倍!外城四面各开一门,构以雄伟的城楼,四角设护卫的角楼。今人发掘的墙基残址,厚约 8 米,地面以上厚 1.5~2 米,高度尚不清楚。

整个陵城南北狭长,构成一个"回"字形,模拟帝都咸阳(西安),象征着皇城和外廓城,高大的封土象征着咸阳宫、阿房宫。

内外城之内遍筑寝殿、祭庙、便殿、园苑和守陵人的生活居室,让秦皇一如生前享用一切。所谓"日祭于寝,月祭于庙,时祭于便殿",就是祭官每天要给寝殿上食四次,不让始皇饿着;每月将墓主的衣冠送到祖庙中游一次,让始皇去祭祀祖先。众多的宫女各司其职,将始皇的灵魂当活人一样侍奉,每天要铺床、叠被、送衣、送饭、送洗脸水……

可惜地面建筑如今已荡然无存,连瓦砾也成了宝贝被人捡走了。项羽的纵火使后人取其建筑材料造屋。今人将地面扫得一干二净,唯有墙基略可窥见陵城的规模。

殉葬之谜

当年秦朝皇宫咸旧宫、阿房宫中,充斥着掠自六国的美人,她们日夜轮流侍奉秦皇,供他作乐。主人死了,美人的命运如何呢?安葬始皇时,秦二世胡亥下诏曰:"先帝后宫非有子者,出焉不宜,皆令从死。"始皇生有皇子24人、公主10人,不生育的嫔妃占绝大多数。由此可知,为秦始皇殉葬的嫔妃宫女,可能是中国历史上殉葬人数最多的一群。有朝一日发掘地宫,必将发现惨不忍睹的累累白骨。

《史记》称:"大事毕,已臧,闭中羡,下外羡门,尽闭;工匠臧者,无复出者。"二世担心修陵工匠泄露机密,葬了始皇,将工匠驱入地宫,封闭神道门,让他们出不来。这是地宫中又一批牺牲的活人。他们是秦代最优秀的工匠,无疑是中国工艺技术史上的巨大损失。

在陵园城内、地宫之外,也有陪葬墓,死者肯定是嫔妃或皇族。到底是活人殉葬或死人入葬?因未发掘,不得而知。陵园城外,陪葬墓更多,仅20世纪70年代就发现了17座秦代"甲"字形墓葬,墓主人可能是秦始皇的亲属,这些墓葬都带有斜坡墓道,墓穴宽大,棺椁讲究,随葬品丰厚,非一般官员、平民可比。但骨骸异常,生前已经身首异处或肢体分离。原来二世胡亥为始皇第十八子,用了阴谋手段才坐上皇位,后他大杀兄弟姐妹,株连其家属及大批臣僚,死者不计其数。这些陪葬墓可能就是这些牺牲者的归宿地。

陵城四周除皇亲、皇族和造陵官员工匠的陪葬墓地外,还有活的或陶制的战马、珍禽异兽的陪葬坑。最著名的就是20世纪70年代开始发掘的兵马俑坑。

兵马俑坑在陵城正东1.5千米处。三个俑坑共有俑兵1万名、俑马600匹,足可编成一个近卫师,是阴间护卫秦始皇的御林军。1号俑坑深5米,长230米,宽62米,面积14260平方米。近6000具陶烧兵马排成38路纵队,浩浩荡荡,威武严整。陶俑大小与真人真马相同,俑兵身高1.8米左右,形象装束各不相同,个个传神,手执真刀真枪(已锈蚀)。俑马长2米许,高1.5米。2号俑坑面积6000平方米,以车兵、骑兵为主,组成车、步、骑联合编队。3号俑坑,500平方米,有统帅乘坐的驷马战车一辆,68名校尉、武士俑环战车左右,似为1、2号坑军队的"指挥部"。

今在1号俑坑上盖起高出地面23米、面积1.6万平方米的展览大厅,就地展览出土的兵马俑群。2、3号俑坑上建了更大更宏丽的展览大厅。1号坑展览大厅门前南侧建了秦陵蜡像馆,面积2600平方米,陈列以秦始皇生平事迹为主的《离赵归秦》《博览纳贤》《剪除吕后》《荆轲刺秦》《秦王登基》等12组、122尊蜡像,是世界上最大的蜡像馆之一。

秦皇兵马俑坑号称"人类第八大奇观",是世界最热门的观光点之一;然而它不过是秦陵的附属物之一。一旦地宫全部揭晓,不知将会引起什么样的效应呢!

近年,陵城以外发现的墓葬坑愈来愈多,越来越远,证明陵园范围不限于2.03平方千米的陵城本身,它的范围可延伸到56.25平方千米。在它的地下,可以说是"处处皆宝"了。

此外,随葬物中还有一个"十二铜人"的悬案。史书称,秦始皇统一六国后,收缴天下兵器,铸成12尊铜人,立于帝都。铜人"坐高三丈,各重三十四万斤",背镌铭文,造型之大与精巧乃世上罕见。秦灭后,传说铜人被移于汉长安城皇宫前,董卓将其中10尊熔毁铸钱,三国、后赵、前秦将所余2尊辗转搬移,最终亦销毁。又一说,铜人全部随葬于地宫。传说若成真,那就是天下奇宝了。

罗马大斗兽场

意大利首都罗马东南的古罗马大斗兽场，又名大角斗场，是古罗马帝国全盛期留存至今最宏伟的建筑物。公元80—404年，人兽在这里进行生死搏斗，尸堆如山，血流成河，留下一连串令人不可思议的故事。

现代体育场的样板

看到罗马大斗兽场，不由想起现代体育场，它们何其相似。它的整体就像一只巨大的深盘子，外环圆形的层楼，内环圆周形的阶梯式看台，对于中央平地的运动场，每个座位都能看清表演，具有容纳最多观众的功能。

罗马大斗兽场的平面呈长圆形，周长529米，长径189米，短径156.4米。整体如两个半圆形剧场拼成。外墙实为四层"大楼"，高48.5米，用大理石砌成：贴近地面的一层是80个连续不断的大拱门，从四面八方直通场内；二、三层为券柱式拱廊，每个券洞正中本来立有一尊大理石

雕像,共有 160 尊。这四层为实墙,开了 40 个小透气孔,饰有壁柱。出入口没有主次之分,连绵不断的券洞和层层不同的雕饰浑然一体,具有最大的稳固安全感。

外墙里面围环 4 大阶、60 个梯级的观众席,分别供元首、贵族、平民入座,全部以大理石砌成,共可容纳 5~8 万人。每个大阶都有自己的楼梯和过道,通向地面 80 个出入口。阶座下面蜂巢似的房间就是"后台",作为武器库、兽笼、角斗士营房、更衣室、升降机操纵室、食堂、陈尸太平间等等。

观众席围着椭圆形的"沙场",即表演区,长径 87.47 米,短径 54.86 米,原来铺有厚木板,上面铺撒防滑、吸血的沙土,因名"沙场"。每场比赛完毕用铁钩拖出牺牲者尸体,在血沙上撒一层新沙继续比赛。沙场外圈有可移动的栅栏,另加一重 5 米高的固定护墙,以保护观众不受野兽伤害。

大斗兽场是古罗马帝国全盛期由弗拉维奥王朝三个皇帝陆续完成的。为了炫耀政绩战功,要与埃及金字塔一比高低,庆祝摧毁耶路撒冷的胜利,公元前 29 年动工兴建,公元 64 年毁于大火。蒂托皇帝于公元 72 年复建,征集 10 万奴隶和战俘日夜赶工,公元 80 年落成。

2000 角斗士倒毙开幕庆典中

公元 80 年,刚登帝位的蒂托为斗兽场举行了空前隆重的开幕典礼。场地上拉着彩色遮阳布幅,系绳挂着装礼品的威尼斯式布制小船,五颜六色的标语广告贴到 40 千米以外的城乡,会场用香料喷雾,使满场充溢香味。观众按入场券编号对拱门号数入场。座位用皮带隔成不同等级,最下面的中央看台,摆满佳肴美酒,供皇帝及侍从、元老、祭司入座,顶部看台供下层人和普通妇女观看。

庆祝活动持续100天。在君王嫌短、百姓恨长的100天里，盛筵不断，斗兽和竞技天天进行。帝王将相、皇亲国戚、骑士食客一个个陶醉于酒池肉林之间，癫狂在血腥的喊杀声中。就在他们觥筹交错、弹冠相庆之际，9000头猛兽被杀，2000名角斗士倒毙在血泊之中。这就是人类历史上最残酷的"百日竞技"活动。

角斗士多为身佩利剑的大力士，大多是奴隶、战俘出身，其中不乏身经百战而幸存的"明星"，也有体形瘦弱而武艺高强的灵活型猛士。安排谁出场，取决于组织者如何取悦皇帝陛下了。或单人斗单兽，或群体对众兽，不断轮换节目。乐声起处，角斗士列队走过观礼台，面向皇帝高呼："濒死者向你致敬!"皇帝挥动白麻布，示意角逐开始。上场的狮、虎、熊、豹等猛兽平时养得膘肥臀圆，但演出前不给进食，一从升降机送入沙场，便饿得嗷嗷叫直扑"猎物"，顿时兽追人、人刺兽，吼声撼岳，惨叫声与观众的喝彩声连成一片，最终以一方死亡收场。幸免一死的角斗士被树为"英雄"，当场得到金币奖励，并被解除奴隶、战俘身份，获得自由。

从斗人到斗兽

在现代人看来，建筑如此堂皇的场地，进行残忍的娱乐，真是无聊至极。这是一个难以理解的谜，后人从民俗学方面来探索答案。

最早的角斗，是一种相当温和的宗教活动。公元前5世纪，或更早以前，伊特拉斯人让全副披挂的武士在墓前比斗，寄托对死者的思念。当时重在仪式，不刻意伤害斗士。罗马人继承了这一习俗，并发展为民间竞技活动。有权势的特权阶层不论婚丧喜庆或迎神送友，都举行竞技表演来助兴。帝王将这项活动引入宫廷，用来庆贺战功和寻欢作乐。

频繁的竞技活动培育了一个繁荣的角斗士市场。大奴隶主有自养的角斗士队伍，民间也有培养角斗士供出租的经纪人。角斗士来源有三：奴隶、战俘、自愿当斗士的贫苦自由人。

公元前252—264年期间，古罗马举行了第一次斗兽活动，开始将猛兽引入竞技活动。据说第一次布匿战争期间，罗马军队在西西里岛战役中俘获120头大象。元老院(内阁)发现，养活这些大象，开支巨大，决定让弓箭手将其射杀。在罗马竞技场射杀过程中，观者如潮，感到有趣极了。于是竞技完全失去了宗教意义，从人与人斗发展到兽与兽斗、人与兽斗，日渐增加了残酷性。

公元前105年，罗马元老院规定地方执政长官就可举办官方竞技表演赛，从此斗兽成风。官府、贵族、奴隶主为了提高声望、显示实力，以血淋淋的角斗厮杀来愚弄群众。据说罗马的角斗活动还提高了军队素质，通过不断角斗来进行军事训练，培养了一支战无不胜的特种(角斗士)部队，为扩张罗马疆域建功立业。

罗马官方斗兽的另一目的是为了处理战俘。本来战俘一杀了之，或补充军队，或发配为奴。后将战俘驱入竞技场斗兽，胜者选入军伍；败者自然淘汰，沦为野兽的口粮，也可节省大量喂兽的费用。

人在猛兽面前，只能拼死一搏以图生存，大部分成了猛兽的口中之物。侥幸杀死猛兽者，发展了兽性，丧失了人性，成为举国闻名的英雄人物。他们终有失手的时候，最后难免一死。

皇帝偶尔心血来潮，要求下场格斗。与之对打的角斗士算是交上厄运，谁敢伤着皇帝一根毫毛？倒不是皇帝武艺超群，而是皇帝的威严使角斗士进退维谷，在惊吓中成了刀下之鬼，王室频频举办斗兽活动，贵族亦不惜举债主办竞技，牺牲的人、兽越来越多，以至北非的大象、狮子、老虎、犀牛，几乎被捕捉殆尽。奥古斯都皇帝曾3次以自己的名义，5次以他儿子和孙子的名义，举办过全国性的竞技大赛，自诩"有一万角斗士进行了生死搏斗"。

公元325年,君士坦丁皇帝在基督教的反对下,正式谴责竞技。404年,一名基督徒冲入斗兽场阻止斗兽,被观众乱石砸死,这震惊全国,导致奥诺里奥皇帝下令禁绝斗兽活动。从此,罗马大斗兽场结束了血腥历史,转作文娱表演场所,因而有"罗马圆形大剧场"的别称。

角斗引起斯巴达克斯大起义

罗马的角斗牵涉着一个悲壮的"斯巴达克斯之谜",有人认为这是民间传说,大量史书证明确有其事。斯巴达克斯原是色雷斯人,膂力过人,在一次抗击罗马侵略的战斗中负伤被俘,成了奴隶,送入"角斗学校"培训,成了奴隶主赚钱的工具。他在竞技场上所向无敌,从未受过重伤。他厌恶这种残忍的杀人游戏,串联200多角斗士,在公元前73年夏季暴动,杀出加普亚城的角斗学校。

斯巴达克斯在维苏威火山安营,下山袭击奴隶主庄园,开仓济贫,解放奴隶。每天有逃亡奴隶和破产农民投奔而来,起义军很快发展到1000多人。罗马元老院派3000人马前往镇压,全军覆没,只剩统帅单骑逃脱。起义军壮大到1万人,解放了加普亚地区。

公元前72年秋,瓦伦涅统帅1.2万人追击而来,把起义军包围起来。斯巴达克斯正面佯装应战,实际从后面溜出包围圈,以绝对优势吃掉副帅所率2000人马。军威遂大震,连获大胜,杀得官军只剩4000余人。

起义军后扩大到7万人,准备撤出意大利到高卢(今法国)建立根据地,但大将克利克斯坚持要乘胜向罗马进军,斯巴达克斯说服不了,只好留下1万多人,自己带队北上。克利克斯结果被强敌围歼而阵亡。

10余万起义军开到阿尔卑斯山下,冰天雪地,难以逾越,只好轻装往回转。罗马这时如惊弓之鸟,宣布全国处于紧急状态,由克拉苏率10万大军迎战。斯巴达克斯所率起义军内部出现分裂,被官军分割包围在南方一片狭小地带。

公元前71年初秋,5万起义军与9万官军展开空前惨烈的肉搏战。起义军最后只剩1000余人,官军排成密集队形合拢。斯巴达克斯受伤落马,屈着一条腿,一手举盾,一手挥剑,杀敌无数,壮烈牺牲。两千多年的历史,谱写了奴隶起义的激昂战歌。可是,罗马奴隶主并未从中吸取教训,反而更疯狂地推动这种死亡游戏,在公元前29年动工兴建了举世无双的大斗兽场。

特诺奇蒂特兰帝都

1978年2月21日黎明,墨西哥城电力公司的工人正在挖掘电缆管道。在阿根廷街和危地马拉街交叉路口,他们掘到了一块椭圆形石雕。这石头直径3.3米,上面有一个裸体女妖的浮雕像。考古学家证明,这女妖正是阿兹台克帝国的神话人物。顿时,全国传遍"找到蒙蒂苏玛皇帝宝物"的消息。

金字塔重见天日

如今的墨西哥城一带是古阿兹台克帝国首都特诺奇蒂特兰的遗址,这一点历史学家早已清楚。但今天这里居住着1400万人口,建筑物密集,实在无从下手发掘。为了溯祖追源,墨西哥政府不惜代价,先划出5000平方米的禁区,拆毁区内7座地面建筑物,授权考古学家蒙蒂苏玛(恰与古代皇帝同姓),带领几百名工人动手发掘。他们细心剥离浮土,层层深入,1980年基本挖掘出了金字塔的雏形。1982年发掘工作大功告成,一座宏大的塔形庙宇呈现在人们面前。如今在庙宇四周筑起围墙,每周开放一次供人参观。

这座金字塔的结构远比历史的记载复杂得多。它不是一次建成的,而是一任皇帝建一层,呈梯级状往上升高。金字塔为四方形,基底边长90米,共七层,原高55米。塔首层始建于1325年,落成于1390年,以后

每位皇帝都在前一位皇帝的层级上再建一层，作为自己向神祇的真诚奉献。建筑年代是根据出土石雕上刻的阿兹台克历法推算出来的。

塔顶本有神庙，供奉着嵌镶宝石、珍珠的神像，

宰杀祭品（活人）的碧玉"牺牲石"，今已荡然无存。周围还有许多小塔和神庙、殿宇，但都被当年的殖民者拆去盖房了，原址密密匝匝压着现代楼群。

除了金字塔外，人们还清理出6000多件文物，其中包括雕刻精美的有角神像、翎毛装饰雕刻的蟒蛇像、壁雕残片、陶器、巨大的贝壳、珠宝饰物、畸形的头盖骨、祭神的人畜骸骨等等。

遗忘450年的赫赫帝都

故都遗塔的出土，唤醒了墨西哥人。他们不得不思考：祖先是怎样生活的？墨西哥最后一个帝国是怎样覆灭的？古都是个什么模样？可惜祖先没有留下文字史籍，西班牙殖民者的记录也非常肤浅。当年教士写的一些目击记，莫不津津乐道阿兹台克人的野蛮，渲染活人祭献的恐怖，完全漠视印第安人的灿烂文明。

西方历史文献一致承认特诺奇蒂特兰是哥伦布发现新大陆时的西半球最大城市，人口20万以上，规模相当于同时代的伦敦、马德里。特诺奇蒂特兰意为"特诺奇祭司所在地"，遗址就在今日墨西哥城的市中心。

阿兹台克文化是玛雅文化、托尔特克文化的继续，后二者在中美洲曾有过灿烂的文明。14世纪初，在墨西哥北部高原游牧的阿兹台克人，渴望到平原过安定的农耕生活。天上"战神"向部落最高祭司特诺奇显圣，指示他应南迁，直到看见一只雄鹰立于仙人掌之上，就可停下来定居。1325年，部落在一只蜂鸟的引路下大举南迁，终在一个湖泊的小岛上见到了这一景象，立即落户于名叫特斯科科湖的湖心岛上。特诺奇率众填湖筑堤，让湖岛与陆地相连，并以湖岛为中心建立了特诺奇蒂特兰城。后经南征北伐，阿兹台克人征服了中美诸部落，建立了强盛的阿兹台克帝国。

湖岛方圆13平方千米，建有6.5栋房子。城内分布着数以百计的金字塔和神庙。湖上有水上人家，有独木舟数万只之多。特斯科科湖是咸水湖，城内居民饮水取自湖外山泉，通过两条石渡槽从5千米外的查普特佩克山引水入城。此山上建有皇帝的夏宫和历代帝王的石雕像。

城内市场众多。据墨西哥首任西班牙总督科尔特斯记述，最大的市场每天有6万人光顾，各类商品分区专业经营，两边拱廊排满物品：釉彩照人的陶器，光可鉴人的金银珠宝饰物，华丽的斗篷和衣裳，堆积如山的灰、砖、木料等建材……交易以物易物，一支撒上金粉的翎毛可换一条三鱼小毛毯，一块铅可换一件棉斗篷，若干粒可可豆可换一篮红辣椒。西班牙历史学家德尔卡斯特罗写道："到过罗马和君士坦丁堡的人说，从方便、整齐和居民密集度来说，他们还没有看到过哪个城市能同特诺奇蒂特兰相匹敌。"

 古城销声匿迹

19岁就到海地的西班牙亡命之徒科尔特斯，后来到古巴办庄园，从

奴隶身上聚敛了百万家财,买了11艘战舰,拉起一支有110名水手、553名士兵、14门大炮、16匹马的武装部队,被西班牙国王封为将军,授权去征服一个道听途说的国家(指墨西哥)。1519年8月16日,科尔特斯的队伍在今墨西哥海岸登陆。他挑唆各部落互相仇杀,将阿兹台克帝国的宿敌特拉斯卡拉人拉到自己一边来,并招兵买粮,募兵6000名,使部队扩大了10倍。

经过3个月的行军,这支军队一路烧杀掠夺,1519年11月8日遥遥看到了一座金碧辉煌的城市。阿兹台克皇帝蒙蒂苏玛以"和"为贵,同火炮装备的科尔特斯打了几个小仗后,决意讲和,热烈欢迎科尔特斯及其卫队到城内小住并盛情款待。入城后第三天,科尔特斯请求皇帝借他一间宫殿,设立基督教堂,供白人过宗教生活。获准后,科尔特斯辞绝皇帝派来的工匠,带着自己的队伍侦查,到处乱挖。在一处宫墙脚,他挖了一个洞,无意间发现了阿兹台克的国库,内藏历代帝王积存的无数金银财宝,直看得两眼发红。他按原样封好,悄悄退出,盘算着灭亡帝国的计策。

科尔特斯应邀参观了城中最大的神庙(即1978年出土的金字塔)。他看到庙里那么多的财宝,连宰人的牺牲石都是碧玉做的。他还看到墙壁沾满的厚厚的已干了的人血,恶臭赛过任何屠宰场。塔庙附近的土丘上一座大院里堆着牺牲者的头盖骨,估计有13.6万颗之多。

过了一些时日,科尔特斯与皇帝更加"亲昵",邀请皇帝跟自己住在一起。傻皇帝欣然答应,过后才知已被软禁,就答应以国库若干财宝换取自由。

科尔特斯将部队部署在所有要害部位,胸有成竹,命令帝国取消活人祭献仪式。他反客为主,专横地将自己的司令部搬进金字塔,悬挂了十字架和圣母像。一年一度的盛大节日到了,阿兹台克人来大庙庆祝,其中有各地区600名地位最高的贵族。西班牙侵略军暗伏射手,突然出击,将参加节日者悉数屠杀,消灭了帝国的中坚力量。

阿兹台克人推举蒙蒂苏玛的兄弟代替丧失自由的皇帝来指挥起义,进攻西班牙军营,拆毁桥梁和湖堤,断了敌军退路。1520年7月1日,西军席卷国库财宝,在雨点般的箭矢中冲出重围,泅过湖泊,逃到陆地上。逃命中丢光了财宝,部队损失1/3,已溃不成军。8天后撤到盟友特拉斯卡拉部落境内,方才喘了一口气。谁料进入谷地又中了埋伏,阿兹台克人如蚂蚁般围了上来。科尔特斯杀开一条血路,刺死了指挥伏兵的酋长才逃脱了全军覆没的厄运。

西班牙军在特拉斯卡拉补充休整后,杀回特诺奇蒂特兰。蒙蒂苏玛已死,继任皇帝库奥特莫克率众抵抗。1521年8月13日。经过激烈巷战,帝都终于陷落,守城军民几乎全部牺牲。库奥特莫克被俘,西班牙侵略军对他施行种种酷刑,要他供出宝藏的下落。他宁死不屈,终被绞死。

科尔特斯屠城后第一件事就是找宝。他搜遍了城市所有角落,潜水搜索所有湖泊和沟渠,只得到1/5国宝,余者4/5,迄今不知下落,终成千古之谜。

不屈不挠的民族精神,加上与基督教迥异的宗教信仰,大大激怒了殖民者。占领军将幸存者烙上铁印,发配为奴,再将城市夷为平地,拆下金字塔的石块来建筑天主教堂和西式房屋。1525年,古城废墟上出现了略具雏形的西班牙式城市,1535年这里被定为西班牙总督区的首府。从此,世人只知墨西哥城,再也不知特诺奇蒂特兰了。

瓜达卢佩圣母显圣

西班牙人虽然统治了墨西哥,但从人数上讲终究是少数。过了100年,混血人越来越多,西班牙和印第安文化逐渐融为一体,然而阿兹台克的阴魂却久久不散。西班牙统治者强迫印第安人皈依天主教,用圣母来代替阿兹台克的托南辛女神。阿兹台克人用自己的保护神号召人民反抗,甚至在天主堂神龛里悄悄放上托南辛女神像。1531年开始,墨西哥到处流传着有鼻有眼的瓜达卢佩圣母显圣的故事,并传递着一幅"真正"的圣母像。两位神父为了调和矛盾,叫画匠绘了一幅貌若印第安人、不抱圣婴的圣母像,挂在教堂里,以争取印第安人入教。1555年,天主教徒们捐款,在查普特佩克山麓建了第一座瓜达卢佩圣母教堂。可是,西班牙当局和罗马教廷始终不承认异化了的瓜达卢佩圣母。墨西哥人不管他们承认不承认,始终将此

教堂视为第一圣地,连每任西班牙总督都去朝拜,以此争取人心。

1810年9月16日,伊达尔戈神父率众独立起义,起义军的旗帜上就绣着瓜达卢佩圣母像。墨西哥独立后,1831年瓜达卢佩圣母被尊为国家保护神,法定12月12日为瓜达卢佩圣母节。1976年又建成瓜达卢佩圣母新教堂,形状与天主教堂全然不同,外部造型恍若僧帽,内可容上万人。教堂内瓜达卢佩圣母和耶稣圣母共存,十字架高高竖于屋顶,连白人驱使印第安奴隶做工的图画也刻在墙壁上。每天大批善男信女,都在教堂门口跪行前进,虔诚叩拜。

历史在过了四百五十多年后,墨西哥人对其祖先几乎一无所知了,但对祖先文化却是如此神往、一往情深,瓜达卢佩圣母便是最好的说明。墨西哥人没有数典忘祖,一定会搞清首都地下的所有秘密,让特诺奇蒂特兰的真相完全大白于天下。

巴米扬大佛探秘

早期的地理和旅游读物，多把阿富汗的巴米扬大佛称为"世界第一大佛"、"世界最大佛教石窟"。前者违背事实，后者准确可靠。巴米扬佛像的惊人高度、佛窟开凿的艰难历程及其艺术价值，处处闪现着中亚古文明的光辉，也存在着许多令人难解的谜。

1500年前世界第一巨佛

巴米扬在阿富汗首都喀布尔西北150千米处，人口不上1万，是巴米扬省的省会，连接伊朗至印度的交通隘口。海拔2500米的巴米扬河穿峡而过。河谷北侧3千米长的断崖上，遍布6000多个佛窟，黑洞洞如蜂巢蚁穴。窟内雕绘着数以万计的佛像、壁画。

公元630年，中国唐朝高僧玄奘往天竺取经，朝拜了巴米扬圣地，回国后撰成的《大唐西域记》中称该地为"梵衍那"，对大佛作了如下描述："王城东北山阿有立佛石像，高百四五十尺，金光晃耀，宝饰焕烂。东有伽蓝，此国先王之所建也。伽蓝东有金俞石释迦佛立像，高百余尺，分身别铸，总合成立。"这是现存于世有关巴米扬大佛最早的历史记载。

两尊大佛相距约400米，掘窟傍山就地雕凿而成。西大佛高达53米，是佛祖释迦牟尼的雕像，脸容慈祥，造型生动，身穿红色袈裟，脸部和双手镀金，相传凿于5世纪。东大佛高37米，为伽蓝佛雕像，身披蓝色袈袈,脸、手镀金,凿于1世纪。佛像空前之高,头顶平台就可站立百余人。直到公元803年,中国乐山凿成71米高的弥勒佛坐像,高度才被超过。因此,巴米扬西大佛只能算是公元803年以前的"世界最大石佛"。

两佛的两侧腋下均凿暗洞,可攀阶拾级而上,直至佛顶平台,供人细细观察佛像头部和肩部。大佛窟内石壁雕绘着彩色的佛祖、菩萨、飞天的图像。

大佛和壁画的风格深受波斯萨伽王朝的影响,带有明显的印度古典风格,兼有希腊、巴比伦文化的痕迹,形成独特的佛教艺术流派,这就是后来对中国佛窟艺术产生深刻影响的"巴米扬艺术"。

上述巴米扬大佛光彩照人的形象,是唐玄奘同时代的人看到的。大概距离唐僧访圣后不到100年,巴米扬便沦于频繁的战乱时代,佛像、佛窟屡遭破坏。今日所见的大佛,不仅没穿袈裟,连脸部、手腕都残缺不全,很难想像当年的真面目。原来大佛所穿袈裟是以灰泥和草绳制作而成,大部分已经剥落,一派蓬头垢体景象,令人扼腕叹息。

辉煌灿烂的佛窟艺术

6000多个佛窟不规则开凿在崖壁上,小者仅可容身出入,大者若一寺院。大窟集佛殿、经堂、僧房、膳室、仓库于一体,平面呈方形、长方形、八角形、圆形等等,窟顶开天井采光,内壁罗列多层佛龛。这种以石窟和佛像为主体的布局,已取代以佛塔为中心的印度式寺庙布局了。

佛窟中琳琅满目的壁画，令人目不暇接。数量最多的是佛祖浮雕，表现释迦牟尼诸种形象。最精彩的一幅，佛祖坐在法轮之中，双耳垂肩，两手合十，右肩袒露，四周有11尊小佛侍护。《太刚神图》和《弹琴图》，是壁画中的绝唱。前者，威武的太阳神笼罩在淡黄色的光轮下，身着长达膝盖的贴身束腰外衣，手按长剑，高踞于战车之上，由双翼飞马曳车驱驰。后者，娇媚的两位女琴师披散长发，头顶闪烁光环，裸露的双臂双腿佩戴手环、脚镯，身上飘带飞舞，纤纤玉手拨弄着竖琴。

现在的佛窟残败，不堪入目，佛像和壁画不是被风雨蚀毁，就是给贼人掳走。所幸部分精品收藏在喀布尔博物馆的巴米扬展室中，其中包括大佛的波浪式卷发碎块和太阳神大理石雕像。

令人心酸的败落

巴米扬是"丝绸之路"上的一个商站，东西方文化在此交汇。在阿富汗伊斯兰化以前，这里是印传佛教的中心之一。公元1至5世纪，佛教普及于阿富汗，巴米扬成了一个朝拜圣地，不仅有宏丽的城市，还有几十座佛教寺院，仅职业僧侣就达数千人。信徒和商人不断在崖壁上捐资开窟凿佛，表达出对佛国天界的向往，从而开创出一个世界第一的"佛窟世界"。中国东晋高僧法显（337—422）、唐僧玄奘（602—664），有幸看到这个圣地的辉煌景象。迟到的新罗（今朝鲜）高僧慧超（？—780），看到的是一个破落的巴米扬。

当年最宏伟的卡克拉克佛寺，建于5世纪。寺庙的中央是一个方形院落，大殿在院落北部；院落四周是修行者的居室；寺外近千米处，有一座高耸入云的宝塔。唐玄奘很可能就是投宿在修行者的居室里。慧超失之交臂，来此已无僧房可住宿。今日所见的卡克拉克寺废墟，只存颓墙

上的残零壁画和础基石雕。唯一的一根方形石柱中楣,依稀可辨佛祖的浮雕像。

太阳神是古代希腊、埃及、中东崇拜的神祇,它多处出现在巴米扬的壁画上,甚至独立塑造成像置于显著位置,这是耐人寻味的。喀布尔博物馆保存的一尊大理石太阳神雕像,就是在巴米扬南方的哈里尔寺庙出土的。此像为群雕组合,太阳神端坐在马车上,周身饰物华丽,左右侧立两名侍者,下方驭手挥鞭赶着两匹马拉的大车,向前狂奔,整体和谐自然,令人叹为观止。

西方太阳神东移到阿富汗,说明巴米扬受西方文化影响之深。然而,敦煌莫高窟就不见太阳神。莫高窟始凿于366年,全盛于唐朝武则天时代(684—704),龛窟、佛像、壁画处处带有巴米扬的色彩,但少了希腊的影响,加了中国化的风韵。要研究敦煌文化,脱不开巴米扬这位"老师"。巴米扬和敦煌之间的关系和交流,是一个值得探索的谜。

阿富汗的伊斯兰化,使佛教建筑遭到无可挽回的破坏。显赫一时的巴米扬佛教圣城,早在7世纪就开始遭到攻击,几乎夷为平地。从此佛教影响趋于消亡。英国入侵阿富汗,巴米扬成为1840年第一次抗英战争的战场,古迹遭到更彻底的破坏。敦煌之有幸,巴米扬之不幸,比差强烈,这大概就是"敦煌学"风行于世、"巴米扬学"湮没无闻的历史原因吧。

20世纪20年代、60年代,法国、日本学者先后来巴米扬考古和发掘,巴米扬才重新引起世人的注目。70年代,阿政府延聘印度专家修整两尊大佛。多少人仰慕大佛,前来游览,巴米扬成了国际性的旅游胜地。在佛窟前绿色草甸上,搭起几十座蒙古式小屋,室内是现代化的宾馆设备。然而好景不长,热闹了才几天,1979年爆发了苏军入侵和延续至今的内战,阿富汗陷入水深火热之中,再也没有人光顾大佛了。

纽约帝国大厦

帝国大厦矗立在美国纽约市内的曼哈顿岛,俯瞰整个纽约市区,远望附近的纽约州、新泽西州、康涅狄格州、宾夕法尼亚州和马萨诸塞州,成为纽约,乃至整个美国历史上的里程碑。

帝国大厦建于经济大萧条后的物资短缺时期,其设计构思成为美国两大汽车制造商竞争的焦点。克莱斯勒汽车公司的沃尔特·克莱斯勒和通用汽车公司的约翰·雅各布·拉斯各布的竞争目标是:向天空竞争,看谁能建最高的楼房。

最初的计划是建一幢看上去低矮结实的34层大厦,后来又作过16次修改,最后才采纳了拉斯科布的"铅笔形"方案。有人说最后定下的102层建筑方案是世界空中轮廓线的杰作。

第一次对外宣布建楼计划时声称这幢大厦的高度"接近300米",这样做其实是故意迷惑他人。拉斯科布生怕克莱斯勒抢了他的风头,要在第86层的顶部加一个61米的飞艇停泊塔,把整个建筑物的高度增加到381米。在一次飞艇停泊时,海军飞艇上喷射出来的压仓水把几个街区以外的行人都弄得浑身透湿,最后不得不拆除了这个停泊塔。

帝国大厦的建设速度是每星期建4层半,这在当时的技术水平下,已算是惊人的了。整座大厦最后提前了5个月落成启用,比预计的5000万美元减少了10%,所用材料包括5660立方米的印第安纳州石灰岩和花岗岩、1000万块砖和730吨铝和不锈钢。

帝国大厦除了做写字楼外,还有多种其他用途:里面有无线电和电波传播实验室、花粉病病人研究平台。这里举行过每年一度的"帝国大厦登楼梯比赛",举行过美国建国 200 周年纪念,迎接过情人节和圣诞节,庆祝过参加世界职业棒球锦标赛的扬基队和都市队的胜利,还宣布过富兰克林·罗斯福总统选举获胜。

帝国大厦目睹过不少奇人怪事,包括 1945 年美军 B-25 运输机因浓雾撞到第 79 层,造成十几人死亡的惨剧。帝国大厦还迎接过许多世界政界和娱乐界名流,如古巴的卡斯特罗、英国的伊丽莎白女皇、前苏联的赫鲁晓夫和泰国国王等,甚至电影中的"金刚"都在 1933 年选择这座大厦作为它的舞台,1983 年又重拍了一次。

这座大厦最鲜为人知的用途的发现者恐怕要数生活奢侈的纽约市市长吉米·沃克了。当他的政府接受调查时,他感谢这座大厦的建筑师们"为某些公务员提供了一个世界上最高、最遥远的藏身之地"。

芝加哥的艺术博物馆

芝加哥当代艺术博物馆朝向公众的主要立面有两个：一个是朝西的主入口，距离芝加哥中心的主干道密歇根大道仅一个街区远；另一个是朝西的雕塑平台，从那儿可以俯瞰密歇根湖，建筑的基座和雕塑庭园都是边长56.08米的正方形。

建筑师根据古典的基座、墙身、檐口的三段式构图来设计立面，在建筑前面，从最前沿开始向后7.92米是一个气派的大楼梯，为二层的门厅以及上面的展厅、办公室做了一个基座，基座高4.87米，铺贴的是0.185平方米一块的印第安纳石灰石板，目的是为了呼应附近历史文物水塔的颜色，石板厚13.1厘米，由膨胀螺栓沿着石板中线固定。

对于墙身的中间轴心部分，建筑师最初考虑选用2.05厘米厚的铅板，但该材料的柔韧性和毒性使他摈弃了这一选择，改用抛光铝板，因为它在芝加哥的潮湿气候下，随着年代的久远会泛出一种古铜色。板材与细小的铁屑一起磨洗，因此较软的铅的表面就留下铁屑摩擦的痕迹，四颗膨胀螺栓，钉在板子的四角起固定之用，正方形、边长3.35米密闭

的窗户,是专门定制的,用的是阳极铝的框架,前凸的檐口,在建筑上落下了很深的阴影,像是一个顶冠。

尽管首层有大讲堂、教室和一流的礼品店,大多数的参观者还是走过室外的 32 级台阶先进到二层,那儿有主门厅、餐厅,以及连到室外雕塑庭园的通道。两个大展室,每个有 539.4 平方米,用以举办临时展览。三层主要展出音像制品和大众媒体艺术品。馆内的永久收藏品及纸品艺术在四层展出。那儿,穹顶采光的展室提供了 1488 平方米的展览空间。

当观众爬上大台阶,透过建筑看到密歇根湖的时候,就开始深刻地体会到贯穿于整个博物馆室内的主题:通透与容纳的交织。"一进入到展览空间,人们就与外界隔离开了。"建筑师解释道,"在某种程度上,是单独地与艺术在一起"。展室外面的休息厅提供了远眺城市景观的视线。

"简洁、开敞、宁静",这是建筑师室内设计的思想,"我不会建筑一个影响观众集中精力观赏艺术的博物馆"。这种态度在建筑中心轴线的空间表现得再明显不过。

避开了颜色和建筑手段的狂乱,设计者试图尽可能地消除分散人注意力的因素。作为观众,你来是为了与艺术品对话,而不是被来往于坡道、楼梯以及乘坐透明观光电梯的人群所困扰,就像一些建筑师喜欢做的那样。为了强调这种态度,建筑师及合作者把自己限制在几种简单材料的选择上,如粉刷的清水墙面、白色橡木板、门厅地板选用的是黑羚羊色的花岗岩,展室地面用的是地毯、混凝土或是白色橡木板。

新艺术博物馆的建筑面积达到 13670 平方米,是原先老馆总面积的 7 倍,新馆在展出 7000 余件部分永久藏品的同时,还提供了足够的面积举办临时展览。

纽约世界贸易中心

世界贸易中心的建筑师是雅马萨奇，美国纽约世界贸易中心的主体建筑物是两座并立的110层的姐妹楼。在1973年4月4日举行落成时以其411.48米的塔楼，堪称世界最高建筑。

主体姐妹楼都是方柱形，外观完全一样，大厦每边宽63.5米、高411米。每座楼的建筑面积约40余万平方米。整个世贸中心可容5万人在内工作。大楼的外墙是排列很密的钢柱，外表包以银色铝板。大楼受到很大的风荷载，在普通风力下，楼顶摆幅为2.5米，实测到的最大位移有28厘米。

世贸中心建成之时，打破了纽约帝国州大厦保持42年之久的世界最高建筑的纪录，但其高度很快被芝加哥的西尔斯大厦超过。

修建世界贸易中心的目的，是为从事世界贸易的私人企业和政府机构提供一个办公场所。整个中心占地16公顷，共有7座建筑物，出租给代表25个国家的350家公司，每天有4万人在里面工作。

除了为国际贸易提供场所外，世界贸易中心还旨在促进曼哈顿商业区的经济发展。日本建筑商山崎实及其合伙人纽约

的特洛伊、密西根、埃默里·罗斯父子公司,为世界贸易中心的设计提出了许多很好的建议,港务局最后采纳了雅马萨奇两座塔楼的设计方案。

港务局的目标是要造出 92.9 万平方米的写字楼出租面积,为此挖出了 90 多万立方米的泥土和岩石,用了 20 多万吨钢材、32 万多立方米的混凝土,制造出世界上最大的室内空间。

两座塔楼都是 110 层高,加上另外 5 座建筑物,总面积达 92.9 万平方米。两座塔楼都能提供 75% 的无柱出租空间,大大超过一般高层建筑 52% 的实用率。

由于世界贸易中心地面广场的地势比海平面仅高出 1 米左右,世界贸易中心的地基建造几乎与楼身同样巨大。在广场的下面,有一条宽 1 米左右的狭槽,穿过坚硬的岩石。在某些地方,狭槽有超过 21 米深,经注入预制泥浆后,地下水和泥土便不能流入世界贸易中心的地基。

在地面上,一块块建筑预制件从西雅图、圣路易斯、洛杉矶等地方运来。澳大利亚还专门为修建世界贸易大厦设计制造了 8 台起重机。绰号为"袋鼠"的专用起重机安装在屋顶,利用建筑物的高度来吊装各种部件。

建筑物的内部装备了最先进的冷热通风系统、远距离通讯设备、防火系统和升降机系统。整个世界贸易中心共有 239 部电梯和 71 座自动扶梯。电梯能载客 50 人。高速电梯的升降速度高达每秒钟 8 米。

世界贸易中心不仅提供大面积的写字楼,而且是纽约曼哈顿地区最大的室内商场,里面有 70 多家专卖店,不同口味的快餐、全餐食肆,还有各种规格大小的会议室、贸易展销厅、艺术展览馆、学术研讨厅等功能齐全的场所。

可惜,这座著名的建筑在 2001 年 9 月 11 日被极端恐怖分子驾驶飞机撞毁。

卫星城

卫星城是指在大城市四周一定范围内建设起来的,在生产、生活和城市结构上与中心城市保持密切联系的城镇。有的也称之为"子母城"。

20世纪初,英、美、法等国大城市的人口恶性膨胀。为了控制大城市的发展,疏散大城市的人口,在城市规划上出现了在大城市外围建立卫星城镇的做法。

20世纪20年代,在离巴黎16千米的范围内,建设了一些备有起码生活福利设施的"居住城镇",称其为"卧城"。但居民的工作和文化生活,尚需去"中心城"——巴黎解决。这种卧城,可称为第一代卫星城。

芬兰建筑师沙里在20年代末,提出在赫尔辛基周围建立一些半独立性的卫星城镇。这种卫星城与"卧城"的区别在于:设有一定数量的工厂企业和服务设施,使部分居民能就地工作,其他居民仍去"中心城"——赫尔辛基工作。这是第二代卫星城。

在第二次世界大战中,欧洲不少大城市受到不同程度的破坏。战后重建时,普遍在大城市的郊区新建起一些独立性较强的卫星城。这些卫星城的特点是城镇内不仅有较完善的生活文化设施,而且为工业建设的发展创造了必要的条件。这种第三代卫星城,为居民提供了较多的就业机会,居民的工作与日常生活需要都能就地解决。中心城和卫星城镇之间的联系,通过郊区铁路与高速公路进行沟通。

我国在北京、上海等一些大城市,也建设了一些卫星城,例如,上海

的闵行、金山卫,北京的黄村、燕山区等等。我国的卫星城根据我国的实际情况具有以下特点:

1.我国的卫星城是一个工作和居住配套、相对独立的城镇,尽量做到让人们就地工作、就近居住。卫星城的性质,可以是单一的,如石油华工城、科学城、旅游城等;也可以是综合性的,还可以安排一些大专院校、科研单位和其他企事业单位。

2. 卫星城的规模要适当大一些,才能有充分的就业岗位和比较完善的生活服务设施。卫星城若配备一个剧院和一座设备比较齐全的医院,至少需要可容纳四五万人的规模;如安排大型商业中心和水平较高的文化、体育设施,卫星城的居民就必须在10万人以上。

目前,国外卫星城的规模日趋扩大,一般都超过10万人口,有的已达三四十万人。我国现今卫星城的规模,一般在20万人左右。

3. 为了使卫星城真正起到疏散市区人口的作用,各项设施的建设标准不应低于市区;要为居民提供方便的生活条件;还要搞好绿化,使卫星城具有优美的工作和生活环境。有的卫星城如上海金山卫,还在城镇附近安排了相当数量的蔬菜生产基地,使居民能就近吃到新鲜蔬菜。

4. 卫星城和母城有十分密切的联系。因此,卫星城到市区的距离一般在20～50千米左右为宜,要有便捷的交通保障,使卫星城到市区的路途时间不超过1小时。这样,卫星城的居民平时也能有时间利用市区的大型公共建筑。例如,日本东京的多摩卫星城离市区30多千米,由于有一条高速公路和两条电气化铁路相连,交通十分方便。

建筑物的颜色

人类生活离不开颜色。蔚蓝的天空、金色的太阳、翠绿的山林、姹紫嫣红的花卉……大自然以它那缤纷的色彩,向人类展现出绚丽的画卷。

建筑物是人类居住、生产、工作的环境空间。建筑艺术的形象通过形式、质感和色感来表现,而建筑的色彩就是建筑的色感的表现。

从色彩生理学和色彩心理学分析,色彩可给人以温度、重量、距离、软硬以及时间等多方面的感觉。

我国历史上许多成功的建筑,在色彩处理方面是很出色的。古代的能工巧匠,早已把不同色彩作为建筑艺术的一种重要装饰,并以此反映出强烈的民族特色和氛围。

宫殿上那金黄的琉璃瓦、汉白玉台阶、红色的大圆柱,都与蓝色天空形成鲜明的对比,给人以辉煌夺目的感觉。还有我国传统的民居,它以朴素自然、庄严淡雅为风格,以自然色彩为主,青砖灰瓦、白墙粉壁、棕色木柱与门窗,都给人以明快、开朗的感觉。

选择建筑色彩,一般应考虑地理、气候与环境的影响、建筑物的性质和功能的特点、质感和热工的要求,以及民族的风格和爱好等因素。南方炎热地区宜用高明度中性色或冷色;北方寒冷地区宜用中明度中性色或暖色。医院、学校建筑物,也应按其性质功能的差异,选择不同的色彩。

建筑物外部色彩的选择,要考虑它的规模、环境和功能等因素。当浓淡不同的色块在一起对比,淡色块使人感到庞大和肥胖,深色块则使人感到瘦小和苗条。因此,庞大的高层建筑宜采用稍深的色调,使之与蓝天衬托,显得庄重和深远;小型民用建筑宜采用淡色调,使之不致感觉矮小和零散。

虽然色彩本身并没有温度差别,但是红、橙、黄色使人看了能联想到太阳和火而感觉温暖,因此称为暖色;绿、蓝、紫罗兰色使人看了能联想到大海、蓝天、森林而感觉凉爽,因此称为冷色。

暖色调使人感到热烈、兴奋、灼热;冷色调使人感到宁静、幽雅、清凉。因此,夏天的冷饮店一般应用冷色调,需要集中思考和从事精密细致工作的场所,也应选用冷色,以达到凉爽、宁静的效果;北方寒冷地区、地下室和冷藏库要用暖色调,可为人们带来温暖的感觉。

幼儿园和托儿所的活动室,宜用中黄、淡黄、橙黄、粉红的暖色,再配以新颖活泼的图案,以适合儿童天真活泼的心理;寝室则应用浅蓝、青蓝、浅绿的冷色,以便创造一个舒适、宁静的环境,使儿童甜蜜地入睡。

医院的病房宜用浅绿、淡蓝、淡黄的浅色调,使病人感到宁静、舒适;而不应都用白色,以免病人产生冷淡的感觉。

室内宽敞的房间,宜采用深色和较大的图案,使人感到亲切而不致有空旷感;小房间的墙面,要有意识地利用色彩的远近感来"扩伸空间"。暗色使人觉得分量重;明色使人感觉轻快。因此,室内的颜色通常是"头"轻"脚"重,即由顶棚、墙面到墙裙和地板的色彩为上明下暗,给人以稳定舒适感。

合理而艺术地运用色彩,可以增加建筑物美的生命力,把我们的环境点缀得更加丰富多彩、情趣盎然,同时也可以使城市环境显得更加优雅美观。

建筑的艺术美

当我们来到一座城市,首先给我们以强烈印象的,是城市的各种建筑物和建筑群所形成的建筑美。

当我们离开这座城市的时候,深深地印在脑海里的,代表着这座城市形象的也是那一幢幢建筑物所构成的图画。

恩格斯曾经指出:"希腊的建筑是灿烂的、阳光照耀的白昼,回教建筑如星光闪烁的黄昏,哥特建筑则像是朝霞。"建筑属于空间艺术的一种。

在一切艺术欣赏中,建筑艺术有着自己特殊的感染力。

有人把建筑说成是凝固的音乐,也有人把音乐说成是流动的建筑,其根本原因就是这两种艺术在美学的感染力上,有着异曲同工之妙。不论是端庄典雅的希腊神庙,或是威慑压抑的哥特教堂,都以其完整统一的构图、和谐动人的比例和有机连续的序列,给人以音乐式的美感。

北京的故宫,作为明清时代王朝的政治中心,采取严正而封闭的空间系列,节奏慢、变化少,人行其中,仿佛在聆听一曲神圣的交响乐。而被誉为苏州园林之冠的留园,则由于采取自由而开敞的空间序列,节奏快、变化多,漫步徜徉其中,仿佛在聆听一首江南丝竹乐,又像是一首轻快的小夜曲。难怪德国的大文豪歌德说,他在罗马圣彼得大教堂广场的柱廊里散步时,觉得是在感受音乐的旋律。我国当代著名建筑师梁思成教授也曾用乐谱抒写过北京天宁寺塔的节奏。

建筑物的造型美,总是要通过韵律、线条以及色彩等方面表现出来。

韵律,就像建筑艺术百花园中的一位能歌善舞的姑娘,给建筑带来美感。例如,罗马大角斗场拱连拱的重复、希腊神庙优美的柱廊、哥特式教堂的尖拱,都形成了丰富的韵律构图。即使是建筑学上的门外汉,看了也会感到美不胜收,流连忘返。

同样,在建筑艺术中,有韵律的线条无限地重复也是建筑师们得意的装饰之笔;水平线条,唤起的是人们丰富的想像,例如想到大海那漫长的海岸线、平静的湖面、宽阔而伸展的原野……而大量运用有韵律的垂直线条,会向人们展现出一种抱负和超越感,许多高层建筑昂然耸立的侧影,正说明了这一美学效果。

现代建筑,不仅需要舒适耐用,而且要求更新的建筑美。因而,摄取自然之美,融于建筑环境之中,创造自然的建筑,以其安谧淡雅、生动活泼的情趣呈现在人们面前,使环境中有建筑,建筑中有环境,这些是现代生活对建筑艺术提出的新的美学课题。例如,广州的白天鹅宾馆,以园林绿化构成大厅内部的修饰,内有小桥流水、曲径回廊、洞窟台榭、石岸溪流、花坛喷泉、莺歌鸟语;透过玻璃帷幕,还可以坐顾江水滔滔、烟波浩渺、百舸争流,把居住在闹市区的人们带到大自然幽静的深谷之中,给人以无尽的遐思和美好的享受。这是建筑与环境相结合的完美典范。

总之,只有适合现代科学技术和生产、生活要求的建筑,即体型简洁、新颖大方、空间适度,并贴近自然环境的建筑,才是美的建筑。

凝固的音乐

建筑和音乐，乍看起来，没有什么联系，似乎风马牛不相及。其实，两者的关系是十分密切的，在艺术原理上二者也是息息相通的。

建筑艺术和音乐作品有很多共同的地方。如果说，音乐的特色是用它重复出现的乐句、乐段构成节奏和韵律来表现主题思想的话，那么，建筑艺术的特色，则是通过它的立体和平面的构图，也就是运用线、面、体，以及各部分的平衡、对比、比例、对称等变化来构成鲜明的节奏和韵律，从而达到它的艺术效果，表现出一定的气氛和境界。

建筑物无论是在它的水平方向还是垂直方向，都有和音乐相类似的节奏和韵律。例如，现代有不少大型建筑物，都是利用垂直的柱子或者垂直的遮阳板，组成一柱一窗或一柱两窗的形式。这种形式的组合，就构成"柱、窗，柱、窗，柱、窗"或者"柱、窗窗，柱、窗窗，柱、窗窗"的节奏和韵律。你可以回味一下，这种"柱、窗窗"的节奏和韵律，是不是有点圆舞曲中"嘣、嚓嚓"的味道呢？因此，有些人把这种表现在建筑上的艺术造型比喻为凝固了的音乐。

我国的风景游览区，不论是建筑物还是树木山水，都可以说是一种时间和空间的持续性艺术。游人身临其境时的感受，就是在时间的进程中对一系列连续的空间序列所产生的印象的总和。这和一部大型乐曲所产生的艺术效果是相同的。北京的故宫建筑群，能够很好地说明这个问题。我们看，从中华门到大明门、大清门，它从一开始就是用一间接一间的房子和重复又重复的千步廊，一口气排列到天安门。从天安门进入到端门、午门，又是一间间重复出现的朝房。再进去，是太和门和太和殿以及中和殿、保和殿，成为一组的"前三殿"，这好像是乐章中的一个乐段。接着又出现乾清门和乾清宫、交泰殿、坤宁宫所组成的"后三殿"。这大同小异的重复，可以说又是一个乐段，或者说是乐曲主题的"变奏"。而每一座宫殿的本身，也都是由许多构件和构件部分形成的重复。至于东西两侧的廊、庑、楼、门，比较低矮，它们所起的作用，又好像是主旋律的伴奏。

从天安门一步一步地走进故宫，人们就好像是在欣赏一部宏伟、凝固的交响乐。

凝固音乐的旋律，特别在我国著名的江南园林风景中，有淋漓尽致的发挥。它以巧妙的构思，把山石、池水、树木、花草、亭台、楼阁做了像音符一样的安排。使人们在游览时，时而感到一山如屏障，时而又豁然开朗；时而丘壑挡道，时而又别有洞天；时而一水横陈，时而曲径幽深，步移景换，时过境迁，真可与一部优美的交响乐相媲美。

一座好的建筑，还应在直线韵律中照顾水平韵律，在间距和开洞之间形成韵律，以及考虑到高层建筑之间的对比，避免出现呆板而无条理的建筑形式。

总之，在建筑设计中，一定要造成可认识的韵律基础，规划出有趣味的韵律构图，并使它适应建筑结构与功能的需要。

青少年朋友们，如果你有兴趣的话，请用此文所提供的关于建筑韵律的知识，去琢磨一下所看到的各类建筑吧，找出它们的韵律，看看能否从中体会到建筑物的音乐性。

建筑物与疾病

近年来,许多大城市出现了美观豪华、新颖奇异的全封闭式建筑。但长期在这种建筑物内办公的一些人却得了一种怪病——建筑性疾病。

深圳某电子公司职员普遍反映,工作时感到头痛、乏力,个别人出现恶心、食欲不振;但下班回家以后,这些症状就消失了。北京、上海、南京、武汉等大城市的封闭式建筑也都有类似情况发生。

全封闭建筑隔绝了人与自然、空气的直接接触,通风不足;人较长时间在污浊的空气中工作,就容易患病。全封闭式建筑能够最大限度地利用室内温度,节约能源;但也大大增加了人接触甲醛、二氧化碳和其他化学物质的机会,这对健康是不利的。

全封闭式建筑采用自然光较少,一般使用荧光灯,它们均是辐射紫外线的灯,当其加速光化学氧化反应以后,所产生的室内化学烟雾,能导致眼病和呼吸系统疾病。

现代建筑中有 2%～3% 的建筑物内有石棉和氡,10% 左右的建筑物受到病毒、细菌等微生物的感染。这些有"病"的建筑物常常会将自身的"病"传染给人。1976 年美国费城饭店暴发了一场"军团病",有 182 人被感染,其中 29 人死亡。经调查表明,传染病来自饭店顶层的制冷水塔。因里面的水不流动,病菌得以大量繁殖,人饮用后致使疾病流行。

建筑物的病原体还可来自建筑材料或设施,如天花板顶部、混凝土表面、暖气管道、下水道以及储水塔等。例如,有一栋综合办公楼发生过

4次流感病,50%以上的工作人员患病,奇怪的是每次仅持续4~5天。后经检查发现,病原体来自一个7000加仑的储水塔,时近周末,水塔停用,水不流动,给细菌大量繁殖提供了一个理想的时间和环境。

"建筑疾病"大多是由于设计不周、建筑材料选择不当和管理不善引起的。如:追求实墙面,造成几个房间只有进出的门,无采光通气的窗;全封闭的房间为了强调"对比",几层的通天玻璃没有一层开窗;地下汽车库忽略了发动机废气的收集处理,废气顺着楼梯和电梯井上升,致使楼上的办公室受到污染。

油漆在国外已很少用于室内墙面,但我国的一些建筑却在大面积地使用油漆,尤其是旅馆和家庭住宅的墙裙和地面用得最多。另外,上水、下水和暖气、通风设计更不能忽略"建筑疾病"。我国单元式住宅的排水坡度较缓,地漏位置不当,结果形成了很多"潮湿环境",若通风处理不当,更有助于细菌的繁殖。

因此,在建筑的设计和使用中,要减少由于建筑因素引起的疾病,为人们的健康生活创造一个良好的环境,这应是设计施工人员、管理人员和住户们共同关注的问题。

地震与建筑

1976年7月28日，河北唐山发生了举世罕见的大地震，顷刻之间，这座有百万人口和百年历史的工业城市变成了一片废墟，人民生命财产遭受了巨大损失，直接经济损失达50亿元之多。

地震，是地壳变动的一种形式，它虽然是难免发生的自然灾害，但是，由于它有其规律性和先兆性，因此所造成的危害是可以通过科学手段来减轻的。将来，当人们掌握了更多的自然规律时，研究出一些办法来抵御地震灾害或用地震的能量造福人类，都是可能的。

可是，就现阶段来讲，要避免地震给人类造成的灾害，不外乎两种办法，即预与防。预，就是用科学的方法、先进的技术和仪器设备，准确地预测、预报地震发生的时间、地点和震级；防，就是采取必要的防备、防护措施，使人民的生命财产少受损失或不受损失。单从防震的角度来看，积极有效的措施之一，就是要发展新型防震建筑结构和材料。

唐山大地震之所以造成了巨大的损失，一个重要原因就是唐山的建筑都缺乏抗震性。

我们知道，建筑物抗震性能的好坏，主要取决于它的自重和整体性。地震对建筑物产生的地震力，实际上就是建筑物自重的惯性力。地震力与建筑物自重是成正比的，建筑物自重越大，地震力对建筑物造成的水平推力越大；反之，建筑物自重越轻，地震力就越小，破坏的可能性也就越小。

例如，唐山工程技术学院所有的建筑物全都采用传统的砖混墙体材料，从材料到结构可用"粗、重、笨"三个字来概括，所以在地震时都彻底坍塌了。又如，唐山地震波及相距不远的天津市，据天津有关部门调查表明：凡用轻质材料盖的房屋，受到的破坏就小，反之则破坏严重。最有说服力的，要算天津东方红砖厂了。该厂的厂房和烟囱在地震中都遭到了严重破坏，甚至连震前两个月新建的一个40平方米的砖砌小传达室也倒塌了。但与它同时建筑、仅隔十多米的一幢80平方米、用轻型石膏板建的试验房却完好无损，没有受到任何破坏。这一事实充分表明，在相同条件下，用轻质材料建造的房屋，所受到的震害要小得多。

有趣的是，唐山工程技术学院至今还保留下来了地震的遗迹——图书阅览室大楼。地震时，楼房的底层陷入地下，上三层也已坍塌得不堪入目。这座楼是地震前夕盖成的，虽然也采取了框架结构防震，但因其墙体是用传统黏土砖砌成，形成了所谓"框重"的建筑结构，所以地震发生时，楼重而地基耐力不足，使框架失去防震作用，以致出现楼体下陷倒塌现象。它表明："框重"结构的建筑，既不经济又不利于发挥框架的抗震作用。

可防震抗震的新型轻质建筑材料有：加气混凝土、石膏板、矿棉板、石棉板、空心砖、空心砌块等等。用这些重量轻、保温隔热性能好的新型墙体材料配合框架结构，就组成了框架轻板结构。这种框架轻板结构的建筑，其框架承重代替了传统的墙体承重，墙体只起一个围护作用，再加上采用了上述轻质、保温性能好的材料，可使墙体减薄，重量大大减轻。这种新型轻质材料的建筑，不仅抗震性能好、节约能源，还可以使建筑物每平方米的自重降低70%，有效（使用）面积增加10%，可谓"一举多得"。

我国在地理位置上处于多震地带，从保护人民生命财产安全和减少国家损失的观点来看,加速发展新型抗震建材、推广框架轻板结构建筑,是一项具有长远战略意义的工作。

在利用现代高科技抗震防震的措施方面,日本做了有益的尝试。例如,东京有一座2层的楼房,采用了三项防震措施:一是大楼摇晃时,整个结构在一条轨道上来回滑动,保持楼房的平衡;二是房屋一开始晃动,与楼房长度相等的缆索就会将其拉回中心;三是以水和压缩空气为动力,阻止楼房震颤。

日本还研制出超导磁悬浮式防震系统,采取在楼底部与地基之间和楼的地下部分与地基的侧面设置超导线圈,这些超导线圈产生的磁性斥力与震力相反,发生地震时,可抵消震力。

现在,人类与地震灾害进行抗争的能力已大大增强,未来在抗击地震的斗争中一定会取得更大的成效。

生物给建筑师的启发

鸡蛋是人们常见而极普通的食品,然而,建筑师们却从这简单的鸡蛋中得到启发,设计出轻便、省料、优美、大方的薄壳建筑结构。

鸡蛋和其他蛋类的外壳虽然很薄,但却能耐受相当大的外力。这是因为这类结构具有弯曲的表面,壳体在外力作用下,内力是沿着整个表面扩散和分布的,因而壳体单位面积上所受的力就小了许多。

模仿鸡蛋,在建筑上就出现了薄壳结构的屋顶。例如,北京的火车站大厅、天文馆、网球馆和农业展览馆的屋顶,有的像圆球、鹅卵,有的如同锯齿、半球,形式多样。现在,我国已能用薄壳结构建造 200 米以上的大跨度建筑。

更有趣的是,不久前国外有人模仿鸡蛋设计了一种特殊的抗震房屋,"蛋壳"是用钢铁制造的,"蛋白"用耐高温玻璃、石棉等制造,人住在相当于"蛋黄"的部分。这种房屋能抵抗强烈的地震,即使震翻了,也能像鸡蛋一样滚过来复原。屋内贮有空气、水和食物,在与外界完全隔绝的情况下,7 个人可在里面生活 1 个星期。住在这种房屋里,即使遇到强烈地震,也会安然无恙。

建筑师对壳体结构的模仿和创造,并不只限于蛋类,他们还模仿海生动物的外壳,设计了许多构思新奇、造型美观的餐厅、商场、旅馆等建筑。这些建筑有的像撑开的花伞,有的像小巧玲珑的贝壳,有的像惟妙惟肖的海螺,个个轻巧别致。

人体骨架形态结构之精巧、合理和美妙，往往使建筑师们赞叹不已。人体堂堂七尺之躯，全靠骨骼支撑，这与高耸入云的摩天大楼凭借钢架支撑，几乎一模一样。

人坐着的时候，体重是依靠从骨盆侧面延伸出来的骨头来支撑的。这种简单而有效的结构，启发了建筑师。建筑师由此设计了一种空间支架模型，建筑物的重量由斜柱支撑着，再传到几个支持点，所有与重量负担无关的材料，一概省去。这就为建筑物提供了一种既强有力又经济合理的支撑结构。

人体的大腿骨要支撑全身的重量，又要前后左右摆动，因此，它"选用"了一种最合理的结构形式——空心管柱式，既轻又坚固。一般成年人的大腿骨可承受 260～400 公斤的压力，小腿骨"吃力"更大，比相同断面的花岗岩还要坚固十几倍，它的刚度可以和熟铁相比，但比重却只有熟铁的 1/50。

巴黎著名的建筑——埃菲尔铁塔，高 327.7 米，这座建筑物犹如巨人般耸入云天，使前来旅游观光的人们赞叹不已。一些建筑师们研究了这座铁塔以后，竟作出了一个出人意料的结论：

这座铁塔的结构并不新颖，只是一座类似于人体小腿骨结构的建筑，甚至两者的表面角度都相符。埃菲尔呕心沥血创造出来的建筑结构，原来与人体自身的结构相类似。

此外，建筑师们在对蜘蛛、梁龙（一种巨大而笨重的远古动物）、蜂窝等动物的研究中，也受到启发，创造了悬索结构、拱形结构、筒形结构、蜂窝结构等等。这些建筑结构跨度大、节省材料、成型容易、造型美观。

大自然蕴藏着无穷的奥秘，如果你能细心观察、精心模仿，就可以广开思路，为建筑设计开拓崭新的发展前景。而这还有待于有志于此的青少年朋友们去探索！

动物与建筑

当你走进浩瀚的生物王国的时候,将会在这个生机勃勃的世界里发现许多巧夺天工的"建筑物"。而这些具有惊人的建筑本领的"设计师"又是谁呢?

喜鹊筑巢的本领是很高明的。它的巢常常筑在高大的杨、柳、槐树的树冠顶端。其"建筑"方法是这样的:先在三根树杈的交点上,铺筑25厘米的巢底,然后在四周垒起"围墙",再搭横梁盖顶。巢底分为四层,最外层由枝梢条叠成;里面用柔细的枝条盘绕成半球形的柳条筐,镶在巢内的下半部;再往里面是把泥涂在柳筐内塑成一个"泥碗";最里面则是一层由柔软的东西,如芦花、棉絮、兽毛等混合而成的"弹簧褥子"。

这种舒适而又坚固耐用的鹊巢,给人们以极大的启发。建筑师们正在模拟鹊巢的特点,对建筑物的基础处理、仓库建筑方面进行仿生研究。

海狸是一种水陆两栖兽类。它们的"家"修筑在湖岸或缓慢流动的河岸边。这些圆屋顶的"小房子"修得非常坚固,墙壁有两尺多厚,用黏泥修饰,每座小房分为二三层,上层比较干燥,作为"卧室";下层在水下,作为仓库,堆积粮食、树皮和木柴。小房有两个出口,一个通陆上,一个通水下。

令人惊奇的是,海狸为了控制需要的水位,还在靠河岸处筑起几座坚固的堤坝。而且建坝时,总是选择河流狭窄、可以就地取材(木料、石

子)的地方为坝址。

　　海狸所建造的堤坝，正是人类建造的巨大拦河坝的雏形，它给水利建筑提供了有益的启示。

　　蜜蜂更是生物界著名的"建筑师"，它一昼夜就能用蜂蜡造出几千间"房子"。蜂房的结构由数万个平行排列的六角形棱柱组成，每个棱柱的底边是由三个菱形的面封闭而成的一个倒角的锥形，每个"房间"的体积差不多都是 0.25 立方厘米，壁厚严格控制在 0.073±0.002 毫米范围内，每间底边三个平面的锐角都是 70°32′。这样就能用最少的材料，建造容量最大的容器，并以单薄的结构获得最大的强度。

　　人们模拟蜂窝研制成了"蜂窝结构"的建筑，这种结构重量轻、强度和刚度大、隔热和隔音性能都很好，现已广泛用于飞机、火箭的制造和建筑工业。

　　海洋里大量生长着一种腔肠动物——珊瑚虫，它具有坚硬的石灰质骨骼。这种石灰质的强度很高，每平方厘米可以承受 1 吨外力的作用而不损坏。后一代珊瑚虫在前一代的骨骼上繁殖，并分泌出大量的石灰

质,从而使它们的遗骸牢牢地胶合在一起,依此不断循环,最终形成了巨大的珊瑚礁石。

科学家从珊瑚那里得到启示,试图把在大海里"建筑"起无数座珊瑚岛的珊瑚虫,改造成高楼、大坝、码头等建筑物用的新型建筑材料。

此外,昆虫的翅膀又轻又薄,飞行时每秒钟振动达 1000 次也毫无损伤,这无疑对寻找轻质、高强、抗震的材料会有所启发。

还有,现在建筑物的防水是个老大难问题。而动物和人的皮肤具有很好的防水性能,外面的水渗透不进去,里面的汗液却能渗出来,保温性能也很好。如果能发明一种建筑防水材料有人皮肤那样的功能该多好啊!

现在,科学家们正在探索一种能够形成菌膜的菌类(如红茶菌)物质,以把它们制成像人的皮肤一样的膜状防水材料。人们设想把这种材料覆盖在建筑物上以后,它能缓慢生长,出现破损时,又能自行修复;外部的雨水渗不进去,内部的潮气却能散发出来。这对于改善建筑物的防水、保温、隔热性能以及节约能源,将会有多大的意义啊!

植物与建筑

自然界的植物,形形色色,奇妙无穷,常常使人们感到惊奇和赞叹。建筑师们模仿这些植物的奇特结构,设计建造了一些结构新颖、美观实用的建筑物。

一百多年前,国外有位花匠在池塘里种了一些美丽的王莲,它的叶子又圆又大,直径达 2 米多,活像个翠绿色的大玉盘浮在水面上,叶子下面呈紫红色,遍布棘刺。王莲开花时宛如白色的睡莲,芳香四溢。它的叶子和花都有很高的观赏价值。更令人惊异的是,一片王莲叶子上竟能承重 70 公斤。即使一个成年人坐在叶面上,叶子也不会撕裂或下沉,真是无愧于"莲花之王"的桂冠。

为什么薄薄的莲叶,能够经得住 70 公斤的重量呢?原来,王莲叶子的背面有许多粗大的叶脉,其间连以镰刀形的横筋,构成了一种网状骨架,纵横交错,又粗又壮,因此可以承受很大的负荷。

于是这位花匠模仿王莲叶脉的构造,用钢材和玻璃成功地建造了一座漂浮在水面上的美丽的"水晶宫"。

后来，意大利的设计师建造了一座跨度为95米的都灵展览大厅，其屋顶即采用了王莲的网状叶脉结构，在拱形的纵肋之间连以波浪形的横隔，不仅保证了大跨度屋顶有足够的强度和刚度，而且美观、大方、轻巧、坚固。

车前子，是一种无足轻重的野草，可是近年来，却受到了建筑师们的青睐，成为他们眼中的珍宝。建筑师们仔细观察了车前子叶子的结构，发现它们是按螺旋状排列的，每两片叶子之间的夹角都是137°30′，不仅结构合理，而且每片叶子都能得到充足的阳光。

建筑师仿照车前子的奇特结构，建造了螺旋状排列的楼房。这种新型住宅，改变了"向南背北"的传统建筑朝向，一年四季，每间房子都阳光灿烂，空气清爽，十分舒适宜人。

1973年建造的加拿大多伦多国立电视塔，总高553米，相当于180多层楼高。这个屹立在安大略湖畔多伦多市中心区的"巨人"，为什么能经受得住暴风的侵袭，仍巍然屹立呢？这与其形体结构的设计有着极为密切的关系。大家熟悉的电视塔之所以不用圆锥形结构以外的其他形体结构，这是从高山上的云杉树得到的启发。

云杉长年累月受到狂风的侵袭，树干的底部变得很粗大，整个树干成了圆锥形。因此，不管任何方向吹来的大风，都很容易沿着树干圆面的切线方向掠过，从而减小大风对树木的影响。反之，如果树干是具有平面的任何形状，毫无疑问，平面比之圆面上的一点所受风力将大大增加。这样，树就有可能被风刮歪，甚至倒毙。所以，模仿云杉建的电视塔即使遇到12级的强台风也安然无恙。

夏天，你用过麦秆编织的扇子吗？它既轻巧又实用，这是由于麦秆是中空的缘故。对此，人们曾经迷惑不解，如此轻的空心麦秆，为什么能承受比它重得多的麦穗而不倒伏呢？原来，在断面积相同的情况下，实心秆和空心秆的承压能力是一样的,但长秆受压后,它往往不是因断面压力过大而遭破坏,而是因为受压后秆件先弯曲,因弯力过大而遭破坏。而断面积相同的空心秆的外径要比实心秆大,因此空心秆承压后抵抗弯曲变形的能力要比实心秆大得多。所以空心的麦秆能够承受麦穗的重压而不倒伏。

　　麦秆的功能给建筑师的设计以"灵感",他们利用"麦秆原理",把一些高大的柱子和一些杆件都设计成空心的,这样可以大大提高它们的承压能力,起到"重半功倍"的效果。

建筑物与环境

当你兴高采烈地搬进新楼,临高眺望景色却只见周围黄土遍地、全无绿意时,难免会感到大煞风景。殊不知,这里原有一片树林,在设计时被建筑师大笔一挥,剃了"光头"。你能怨谁呢?

当你浏览名胜古迹的时候,只见前面有几幢大楼兀立,你不禁会想:太不协调了。殊不知,这是由于在建设这几幢高楼时,设计师没有仔细考虑高楼与自然环境和气氛的配合、协调问题所造成的。

建筑物与自然环境是相互影响的。建筑物是人建造的,自然环境是原有的——但它不断地经过人们"美"的加工。当建筑物与环境协调时,人的心情会感到舒畅;当建筑物破坏了环境的美时,就会使人产生厌恶的感觉。

杭州西湖素有"天下景"的美称,它清秀、如画的景致,令人神往。但如不加选择地一味沿湖边盖楼,建一些医院、疗养院等建筑物,西湖早晚会成为高楼俯视中的"盆景"。如果现代化的建筑把长堤、亭榭、孤山等景点都"淹没"了,游人们定会怅然若失,不再前往观光了。

试想,假如在山西寺庙如林的五台山四周,到处大兴土木盖楼,将成何体统?林中山径通古寺的景色不见了,古刹中特有的宁静气氛被破坏了,那时恐怕就再也不能引起游人们探幽访古的兴致了。

北京有名的白云观,本是道家寺庙,在红墙、绿树环抱下,显得古朴而宁静。不料在十年动乱期间,白云观被街道工厂围得像"铁桶"似的,红墙之外已无树木和空地，噪声四起，以往的面貌荡然无存。可见，建筑师若只追求建筑物的单体造型，而不管四周的美化布置，不管与周围环境是否协调，那他绝不是一位高明的建筑师。

建筑物与环境的协调，除了空间应留有余地外，还需要讲究建筑物之间高度的配合。例如，距白云观不远的地方，有一座辽代古塔——天宁寺塔。原来一塔独立，气势雄伟，不料后来被新建的热电厂那百米高的烟囱"比"下去了。两个建筑物对峙而立，过路人见了都要发一通议论，为古塔鸣"不平"。

此外，建筑物的色彩也要与周围环境相协调。一座城市的街道应有色彩基调，并能为当地居民接受和喜爱。

积木与建筑

积木是儿童喜爱的玩具之一,它拆得开,搬得走。能不能仿照搭积木的办法来建筑房屋呢?能。

用现代的建筑材料和技术,建造出儿童积木式的搬得动、拆得走的新颖建筑物,已经不是一件困难的事了。活动房屋就是近年来国外流行的一种建筑形式,有人说这种建筑形式是受了儿童玩具的启发才产生的。

深圳有一家名叫"福星"的五金商店,要建造一间130平方米的店铺。经理急于开业,向上海宝山活动房屋营造公司询问要几个月才能建好。公司经理笑着伸出三个指头说:"3天。"3天后,一幢新颖美观的商店果然平地而起,很快就开张营业了。

通常,建设一座城市住宅小区需要几年或更长的时间,而采用新技术和新营造法,可以使活动住宅、小区在几小时、几天或几个月内建成。这种灵活的活动住宅,能够迅速、大量地为人们提供比普通住宅更为方便、舒适的居住条件。活动住宅的建造速度之快,是一般建筑所不能比拟的。

活动住宅改变了传统的手工业个体施工方法,采用与汽车制造相似的机械化组装的生产方式。拿美国来说,全国有很多活动住宅制造厂商,他们平均20分钟即可生产出一个套间的活动住宅。由于是大批量生产,价格要低于普通房屋,因此,受到住户的欢迎。

活动住宅的骨架由钢材焊成，围护结构采用标准构件，主要材料是特制的夹心胶合板，内填泡沫状保温材料，内墙面采用粘贴塑料壁纸，顶面采取防雨防晒措施，并具有隔热保温的性能。住宅内部通常装有现代化的空调设备，温度可以自由调节，以适应不同国家和地区的气候条件。

活动住宅小区的规划与房屋造型，主要根据用户的特点和搬迁的情况而定。例如，经常搬迁的建筑，常选择带轮子的汽车房屋、铁路车辆房屋、带爬犁的房屋；半永久性的建筑，可选择快装房屋、盒子式房屋等等。

根据城镇规划的要求，可以将住宅布置成小区，并将活动住宅重叠组装，或安装在钢骨架和混凝土框架上，形成多层楼房。

活动住宅投资少、见效快、收益大、易于施工。尤其是在缺少劳动力和建筑材料的地方，它的经济效益是最好的，很适合于地质、水文、勘探、大型工程兴建、石油开采、修桥、筑路和旅游宾馆等各行各业。

活动住宅建筑和配套工程的设备，均可在工厂制造，并与房屋配套供应，如室内外电灯、电杆、电话、电视机、空调机、家具、卧具、上下水管、取暖设备、厨房设备、厕浴设备等等。由于这些设备都在工厂内制造，活动房屋制造就可以不受季节和天气的影响，从而缩短了房屋的施工周期。

活动住宅是近年来国外流行的一种建筑形式，它为人们提供了良好的居住环境。我国也正在积极开展这方面的研究试验工作。例如，铁道部科研所研制成功的 HF-46 型活动住宅，它的屋架、墙板、顶棚板、屋面等部分具有相对的独立性，可以拼组成带墙体和不带墙体等 8 种类型，与国外现有活动房屋相比，居于领先地位。

随着科学技术的发展，活动住宅将得到更加广泛的采用和推广。

古老窑洞

窑洞式住宅是有着悠久历史的一种民居形式，主要分布在我国西北、华北及河南等黄土层较厚的地区。这种居住建筑的起源，可以上溯到上古的穴居时代，是劳动人民在长期生活实践中认识自然、改造自然的一项智慧结晶。

利用黄土壁立面不倒的特性，在一定的高程内向纵深掘进，挖成拱形窑洞，其施工技术和工具简单，也不需要贵重的建筑材料，就能获得防风避雨、冬暖夏凉的功能。所以窑洞式住宅长期受到当地居民的喜爱，至今仍是那里住宅建筑的主要形式。在革命战争年代，毛泽东、周恩来、朱德等老一辈革命家也曾住在陕北延安的窑洞里，指挥抗日战争和解放战争，并取得了历史性的辉煌胜利。

随所在地形的不同，窑洞的构造主要有两种形式：

一是靠山窑。这种窑多建在有沟壑的地方，在垂直的黄土壁面开洞，向纵深开挖，形成拱券式的空间。可以数孔并列，互相穿套；也可利用地形,叠层开挖,宛如阶梯式楼层。在黄土高原上,由一排排靠山窑洞组成的村落,三五成群地镶嵌在层峦叠嶂的山腰间,表现出一种古朴淳厚之美,与湖光山色、小桥流水的江南景色,形成鲜明的对照。

另一种是平地窑。按需要面积,在平地垂直向下开挖深坑,形成下沉式的庭院,然后在坑壁四面挖出靠山窑洞,布局形式大体同北方的四合院。院内设渗井排水,入口处挖成通地面的阶梯。登高远望,会发现由这种窑洞组成的村落,犹如鬼斧神工,在棕黄色的大地上,勾画出富有韵律感的几何图形,呈现出一幅绮丽的画面。

目前在中国,一边是高楼大厦在大都市如雨后春笋般拔地而起,一边是尚有4000万人口居住在土窑洞里,加上福建、广东、云南、西藏以及东北等地居住在类似的生土建筑里的人们,总数可达2亿多人。所谓生土建筑,是指用未经焙烧的土(如黄土、黏土等)建的房屋,它包括窑洞、夯土建筑和土坯建筑。中国1/6的人口仍然居住在不算理想的生土建筑住所里,这虽然说明了中国仍有很多人处于贫困线上,但另一方面也说明了窑洞及其他生土建筑有着很强的生命力。

中国的窑洞有许多现代建筑无法媲美的好处和科学因素:节约土地和能源;冬暖夏凉;内部湿度、温度恰好适合人体的最佳需要;不占耕地,不破坏地表植被;有利于保护生态环境;可以防火、防风、防泥石流;没有噪音、光辐射、空气污染和放射性物质的污染,有利于健康长寿;尤其是建造简便,造价低廉,用不着大的投资和购买建筑材料,适合中国农民的实际生活需要。面对中国人多地少、耕地锐减、相当多的农民仍然贫困的国情,专家们认为,今后以至今后相当长的一段时间内,还不是"弃窑下山"的时候。我们面临的任务倒是如何尽快改造传统的窑洞和其他生土建筑,使之"现代化",且更舒适实用。这才是"窑居人"改善居住质量的明智出路。

近年来，我国的窑洞研究已经取得了可喜的进展。这项研究现在已进入新窑洞多模式设计和工程实验阶段，并取得了一批成果。

兰州黄河北岸白塔山和榆中北山农村，打响了旧窑居的革新和新型窑洞的创建工程。人们利用不能开辟利用的陡峭沟壑，建起了漂亮的50孔新窑洞居室。这些新式窑洞因造价低廉、宽大、明亮、暖和而成为中国新式窑洞的第一批样板。有的农户还在窑洞上面盖上一两层薄壳，成了楼梯形式的窑洞与房屋混合式建筑物；有的既修窑洞又修房子，还有四合院，窗子由小变大；还有的在窑洞里修了卫生间，装上了自来水、暖气等设备。

最近，在兰州市郊黄河北岸的贡井乡新建了窑洞乡村文化站；在太阳乡建了一座窑洞医院；在连搭乡建了15孔新窑洞希望小学……

我国古老的窑洞，如今又重现活力，正向着现代化的方向发展。

摩天大楼中的电梯

建造摩天大楼,除了必须解决房屋的结构问题以外,还要解决代步的升降设备——电梯的设计。因为,爬一座几十层甚至一两百层的摩天大楼,绝不亚于登上一座高山。

在1931年,当时世界最高的摩天大楼——美国的帝国州大厦(高381米)建成后,曾有人编造了这么一个笑话:

有一次,帝国州大厦遇到了停电,有3个住在100层上的客人晚上要回到房间去,可是没有电梯可乘,他们只能一层一层地向上走去。为了不使自己感到枯燥、疲劳,其中一个人想出一个办法来,要每人轮流讲故事,大家立即同意。于是3个人一边走一边讲,好不容易走到了第99层,该轮到最后一个人讲故事了。于是那个人开始讲了:"现在我要讲的是一个很悲惨的故事,就是我们3个人的房间钥匙都忘记在最底下一层的房间里了,我们还要走下去,把钥匙再拿上来,现在谁去拿呢?"

回头下楼去取钥匙,听起来是小事,可是要向下走1860个台阶,接着又要向上迈1860个台阶,这谈何容易啊!这难道不是一件悲惨的事吗?

超高层建筑和一二十层楼的建筑相比,在电梯布置上有很大的不同,无论电梯的数量、速度和停层的方法都很特殊。

一是电梯的数量要很多。一座100层左右的摩天大厦,有几万人在里面工作,再加上外来联系工作和参观游览的还有几万人。例如,美国纽约的"世界贸易中心"大厦,就有5万名工作人员,每天还要接待9万名参观访问和联系工作的人。这么多人都差不多要在同样的时间里使用电梯。

因此,在超高层建筑里,上下班时间电梯十分繁忙,常常需要用上60部到上百部电梯才能勉强解决问题。例如,"世界贸易中心"的两座大厦和四座附属楼,一共装了240部电梯;西尔斯大厦装了102部电梯;帝国州大厦有73部电梯。

二是电梯的速度要很快。高楼大厦内的电梯速度,每分钟可达210~330米,即每秒钟运行3.5~5.5米,等于每秒钟上一层半楼。这样,到最高一层去也需1分多钟。现在,速度达到每分钟600米的电梯也已研制出来了。

不久前,世界上速度最快的电梯已在日本东京池袋的高240米、60层的阳光大厦开通。它的速度高达每分钟600米,相当于世界最优秀的百米短跑运动员的速度。尽管电梯的速度很快,但却充分考虑了乘客的安全、舒适等因素。

高速电梯由于安装了纵向和横向的机械减震器,所以在启动和停止的时候,乘客没有丝毫冲击、震动的感觉。当电梯在运动中发生故障时,乘客可从横靠电梯隔壁的自动相接装置中脱险。当发生地震时,设在电梯机房的地震仪可控制正在运动的电梯,自动停靠在最近的楼层,以便使乘客及时疏散,脱离危险。

遇到了"关人"、"错位"之类的事故,也不用害怕,即使停电也有办法将人很快弄出来。因为在机房内有"手动盘轮",操作员通过它很快就可解决问题。

电梯多了也会带来一些麻烦,初次来联系工作的人要找到他的目的地,又要不乘错电梯不是一件容易的事情,有时不顺利的话,竟要花费一个小时的时间。

如果把高楼大厦的高度再增加一些,情况会怎么样呢?这就需要设计师们再多想办法了。

随着科学的发展,电梯的控制方式也在不断更新改进,先进的电梯已能用电子计算机控制,实现了全部自动化,只要乘客进入轿厢选完要到的楼层后,电梯就会自动关门运行,并显示进行的方向和所要到的楼层,到站后自平层、自开门,不需乘客自己操作,因此,使用起来十分简单、方便。

石头——建筑材料的"元老"

石头，是建筑材料中的"元老"，它比古老的金字塔更古老。从古到今，石头的模样并没有改变，但是各式各样的建筑物却因不同的需要而不断对石头提出新的要求。

大坝、桥墩、码头等水利工程中用到的石头，因为成天泡在水里，所以要选择不透水的石头，而且要重量大、空隙小、不裂缝的，这样才能堵塞流水钻空子作祟的通路。这类建筑物体积庞大，身躯沉重，如果底层石头没有很强的抗压能力，建筑物就不可能坚定地屹立，所以所用石头还应具有"泰山压顶不弯腰"的本领。

一些现代化的大型建筑物，尽管采用许多现代化的材料，但仍然也少不了要用石头。墙面的装修石，既要有完整的外形，又要有良好的抗寒、抗腐蚀能力，才能在风霜雪雨和有害气体的侵蚀下，几十年内"面不改色"。建筑物镶上石头窗台板和檐板，可以显得格外古朴、大方，用于这种需要的石板必须有一定的抗弯能力，能够担负起砖瓦和屋顶的压力，才不至于出现裂缝或折断。

纪念碑、塔、街头雕塑物以及桥梁贴面的石材，要求就更高一些。它们要能迎风沐雨、"饮露餐风"而不"变质"；由于它们要接受人们的瞻仰、观赏，所以外表必须美观、和谐。对镶面石的要求是：质地纯、不变形、不褪色，甚至连头发丝那样细的划痕和米粒大小的斑点也不允许有，因为这些小的毛病也会影响建筑物的光彩和风格。

铺砌广场、干道或石阶的石头,应有很高的抗磨本领。无论是车轮的剧烈摩擦,还是千万人的行走,对它的表面都不能有损伤。而质地软、空隙多的石头不宜铺筑路面,因为它容易被磨损。

石头取自天然,"本性难移"。从它诞生那天起,加工困难这一实际问题就限制了它的使用。时至今日,石头更是越来越难以适应现代化建设的需要,在许多新型的现代化材料面前,石头显得落伍了。

但是,科学技术的回天之力,能够对石头加以改造,使它成为具有优异性能的新材料。其方法是:把几种石头磨成粉,掺合在一起,放进高温炉子里熔化成岩浆,然后让岩浆流入模型中,冷却后就成了一种名叫"铸石"的新材料。

"青出于蓝而胜于蓝。"本来以抗压、强度高著称的石头,变成铸石以后,更具有抗强酸、高耐磨、耐热、防腐的新性能,这样就使石头的用途更广泛了。除建筑以外,铸石还在冶金、化工、电力、机械、原子能等工业领域有着广泛的应用。

神奇的粉末——水泥

当你在公园散步，曲折的混凝土嵌花小路把你引向那幽静的绿树丛中的时候；当你在葱绿的田野，看见轻巧的双曲拱钢筋混凝土渡槽，把淙淙流水引向万顷良田的时候；当你乘车飞驰在雄伟的钢筋混凝土大桥上的时候；当你漫步街头，看到那一幢幢高楼大厦的时候……你想过没有，这一切都离不开一种神奇的粉末——水泥。它是当代建筑材料的"主角"，有了它，才能建造出世界上形形色色的建筑物。

水泥是一种极细的灰色粉末，给它加入适量的水以后，它能把沙子、石子和钢筋这几种风马牛不相及的东西牢牢地粘合在一起，形成一个坚强的整体，即使用千钧之力也难以把它们分开。

科学家们预言：到下个世纪初，可以研制成功每平方厘米承受4吨压力的混凝土。这种高强度混凝土所需要的水泥，每平方厘米就要承受5吨以上的压力。这意味着在1平方厘米的面积上，可承受一辆满载货物的解放牌汽车。

混凝土之所以有惊人的耐压能力，也是这微小而神奇的粉末——水泥在起决定性作用。

为什么水泥具有如此巨大的结合力呢？多少年来，许多专家、学者呕心沥血地进行研究，但都没有得出令人信服的结论。直到二十多年前，由于高倍电子显微镜的出现，这种神奇的粉末才在100多万倍的电子显微镜下显露出了它的"庐山真面目"。

原来，水泥在遇水以后，每一颗微小颗粒的四周，都长出了无数根纤毛。1公斤水泥有数以万计的颗粒，而每1立方米的混凝土中的水泥一般在300~400公斤，这就有数百万的水泥颗粒。这么多水泥颗粒的无数根纤毛，互相盘根错节地缠绕在一起。纤毛又把沙子、石子和钢筋紧紧地包围起来，就如同一团乱麻丝紧紧地缠住一块小石子那样，要把它们分离是极困难的事情。更何况当它吸饱了水分以后，4小时后便开始硬化，7天以后就可成为一个不可分割的整体，并达到设计强度的50%。

如果要想配制每平方厘米承受1吨压力的混凝土，可以按要求将水泥、石子拌和成形，等待7天以后，每平方厘米就可承受500公斤的压力；28天以后，可承受1吨的压力，即达到混凝土的设计强度，并以这一天承受压力的数值给混凝土起名。承受500公斤压力的叫做500号混凝土；承受1吨压力的叫做1000号混凝土。

人们常用"如胶似漆"来形容事物或人之间结合得很好，可这比起水泥来却大为逊色了。

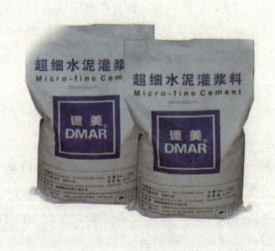

水泥古今与发展

有人说,如果没有水泥,就没有现代化城市建设,这话有道理。高楼大厦、道路桥梁、码头水坝、工厂厂房……如果缺少水泥,这些是很难建成的。

水泥产生和发展的历史并不太长。1756年,英国人约翰·司米顿为了要在英国南部的海岸建造一座基础稳固在海底的灯塔,绞尽了脑汁,并做了无数次试验。他发明了一种在水中能够把碎石凝结起来成为坚固的"人造石"的材料,这就是水泥的雏形。约翰·司米顿因此被称为土木建筑师的鼻祖。

但是,制造水泥的方法,直到1824年才被另一位英国人约瑟夫·阿斯普定确立下来,并取得专利权,正式称为波特兰水泥。

以后,生产水泥的方法不断改进,生产规模日益扩大。1889年,在河北唐山创办的细敏土(即水泥之意)工厂,是我国第一家水泥制造厂。

目前,世界水泥的年产量已达10亿多吨。我国的水泥年产量达1亿多吨,但仍然供不应求。

现在我们常用的水泥,绝大多数是普通硅酸盐水泥和矿渣水泥。它们的主要原料是石灰石、黏土和铁矿粉等。虽然它们性能良好,能满足一般使用要求,但有时遇到某些特殊环境,也会"无能为力"。

为了适应某些特殊环境和特殊建筑物的需要,国内外研制了许多新型水泥。例如,"双快"水泥、"焊接"水泥、"地板"水泥、彩色水泥等等。

"双快"水泥,具有硬结快、强度发挥快的本领。水泥船出现孔洞漏水,飞机场的跑道出现凹坑,用这种水泥去抢修,不出几分钟便能修补好。

用水泥电线杆代替木杆或金属杆,已是很常见的了。但当水泥杆折断时,就不可能像焊接钢铁一样把它们重新结合起来。别着急!我们可请"焊接"水泥来帮忙,把折断的水泥电线杆重新"焊接"起来,它的牢固程度甚至高于原先未损坏的水泥电线杆。

如果将一块水泥板用锯子锯,拿刨子刨,使钉子钉,你一定会说这是异想天开的事。"地板"水泥就有这样的本领,它的制品几乎和木材具有同样的性能。因此,我们采用这种水泥,可以制成能与木器家具相媲美的各式门、窗、床、桌、柜……而且制作简单,不怕蚊虫、潮湿和腐蚀。

有人说,水泥结实、牢固,就是颜色灰乎乎的不好看。其实,只要你去看看用彩色水泥装饰的建筑物,一定会赞叹不已。彩色水泥不仅能将建筑物装点得生机盎然,而且可将城市的雕塑艺术品粉刷得绚丽多彩、栩栩如生。彩色水泥的颜色有:大红、绛红、碧蓝、翠绿、赭黄、淡青……

钡水泥又叫防辐射水泥,可用于原子辐射线的防护。我们知道,原子能发电站里的原子反应堆,在工作时会放射出伤害人体的射线。若用钡水泥做成防护层,将原子反应堆包围密封起来,放射线就再也不能跑出来伤人了。

未来的水泥又是什么样子呢?人们预见,一种可以像金属那样延伸,似金刚石一般坚硬的快干新型水泥,正在向我们走来哩。

大理石

说起大理石，朋友们可能比较熟悉。当我们来到北京天安门广场，漫步在金水桥、人民大会堂、人民英雄纪念碑和毛主席纪念堂的时候，会看见许多精美的石材和彩石，其中要算大理石为最多。从故宫的台阶到天安门前的石狮和华表，从人民英雄纪念碑的浮雕到人民大会堂的主柱、墙壁和地面，都可以看到那光洁明亮、不同色彩和图案的大理石。

大理石是高级建筑物用的一种装饰材料，它素以质地光滑细腻、花纹绚丽多彩而赢得人们的喜爱。因我国云南省大理县盛产大理石，并且质量好，大理石因此而得名。

大理位于云南高原的西部，那里风光绮丽，苍山峻拔，洱海碧澄，素有"东方瑞士"的美称，自古以来就是大理石的"老家"。1639年，明代著名的旅行家徐霞客游历大理以后，赞美大理石"块块皆奇，有雄山阔水之势，交峰叠嶂之观"。清朝诗人黄元治，也写过一首题为《点苍山石歌》的诗称赞大理石。诗歌写道："石质石纹确奇绝，白如截脂如积雪，绿青浓淡间微黄，山水草木尽天设。"

在我国，大理石的应用具有悠久的历史。考古发掘证明，早在三千多年以前的殷商时期，人们就利用大理石作雕刻材料，制成许多手工艺品。到了唐朝，人们把大理石用于建筑。坐落于大理县城的千寻塔，就是用大理石建造的。这座塔建于唐朝贞观年间，至今已有一千三百多年的历史了。宋朝以后，大理石就用得更多了，那时修建的许多宫殿、坛庙、陵寝等古建筑物上的大理石，至今还保持着当年那美丽诱人的风采。

大理石除了具有表面光滑、不易褪色、美观、雅致、庄重、坚固、耐用等特点外，它的抗污能力和切削加工性能也都很好。

纯洁雪白的大理石叫做汉白玉，它象征着纯洁和高雅。北京故宫、颐和园以及北海的一些建筑，毛主席纪念堂里的雕像，都是用汉白玉制成的。汉白玉在大理石的家族里储量不多，多数大理石都带有不同颜色的条纹。如白色背景上分布绿色花纹的叫东北绿；浅灰色背景散布着深灰色细条纹的叫艾叶青；肉桃红色的叫桃红……

俗话说："玉不琢，不成器。"大理石也是如此。从矿山开采出来的形状不规则的大理石叫荒料，把荒料送到加工厂，经过切割、研磨、抛光等一系列工序加工以后，成为不同规格的大理石板材，才能用在各种不同的建筑物上。

轻巧方便的新房

大家知道，工业和民用建筑材料，除了钢材、木材和水泥以外，要算砖、瓦、石灰、砂、石头用得多。其中砖瓦用量尤其大，历史也最悠久，已有两千多年的历史了，故有"秦砖汉瓦"之称。

采用小砖小瓦的手工业方式建房的缺点很多：消耗材料多，建筑物的重量大，造价高，工人的劳动强度大，生产效率低，建筑周期长，难以实现机械化作业。另外，每生产 100 亿块砖，就得挖土毁田大约 1 万亩，耗煤 100 万吨，影响了工、农业的发展。因此，要使建筑工业适应现代化的需要，就得开创新路，废除"秦砖汉瓦"，采用新型建筑材料。

据统计，现有的砖砌建筑物，每平方米自重有 1.5 吨左右，在寒冷的东北地区，高达 2 倍以上。也就是说，每盖 1 平方米的建筑物，就得用 1.5~2 吨的材料。建筑物为什么需要又重又多的材料呢？问题出在又厚又大的砖墙上。因为整个建筑物是靠砖墙来支承重量的，砌砖墙需要耗费大量建筑材料。

如果打破这种靠砖墙承重的旧框框，用一种框架结构来承受建筑物的重量，则墙体就不承重而只起护围作用了。这样一来，既可大大降低建筑物的重量，又可以克服上面提到的采用小砖小瓦手工业方式建房所带来的许多缺点。这种新型结构叫做框架轻板建筑体系。

这一崭新的建筑体系采用了轻质、高强度、保温性能好的材料制成承重的框架结构，它使原来的墙体大大变薄，重量减轻。建筑物的重量从原来的每平方米 1.5~2 吨降低到 400~500 公斤，一下减轻了 70%，同时还节省了大量的材料。据计算，每平方米建筑物可少用钢材 12 公斤、水泥 15 公斤。

那么，框架轻板新型建筑体系的具体内容是什么呢？它的承重结构用的是预制钢筋混凝土空心柱、钢丝网、水泥楼板和基础柱；墙体和屋面用的是石膏板、加气混凝土板、石棉水泥板和水泥刨花板等各种轻质材料；屋面防水用玻璃纤维油毡和矿棉板；门用空心板；家具用草纤维板；内墙装饰用壁纸、玻璃纤维贴布。另外，再加上黏结剂、内外墙涂料和嵌缝材料等辅助材料，就可以组成一座完整的建筑物了。

代替原建筑物四周砖墙的主要是加气混凝土制品。它是由含二氧化硅的天然原料或者工业废渣与水泥、石灰等胶结材料混合并且加发气剂制成的。它像面包一样，里面具有大量均匀而细小的气孔，所以很轻；重量只有普通砖的 1/3、混凝土的 1/5；机械强度和保温、隔音性能都很好。在保温性方面，用 12 厘米厚、每平方米重 60 公斤的轻质墙板，与 37 厘米厚、每平方米重 700 公斤的砖墙比较，毫无差异。同时，这类材料还可以锯割和钻孔，像机器零件那样安装，给建筑施工带来很大方便。

框架结构的新型建筑物的实践证明，它不但重量轻、强度高、刚性好，而且还可以大幅度提高劳动生产率和降低造价，大大减轻工人的劳动强度，施工进度可以成 10 倍地提高。由于墙体薄、重量轻、惯性力小，所以抗震性能也比砖瓦建筑要好。同时，还能形成较大的内部空间，容易满足使用要求。

目前，国外的多层工业厂房、仓库、高层建筑以及较大空间的民用建筑中，多采用框架结构体系。通常，15 层以下的民用建筑用得最多。据报道，罗马尼亚的 6 名工人，只用 6 天时间就盖好了一幢 5 层 20 户的楼房。这是"秦砖汉瓦"建筑所无法比拟的。

纸能造房

提起纸,人人皆知。人们几乎天天都要与它打交道。学习、书写、画画、购物和清洁等,时刻都离不开它。然而,要说用纸来建造房屋,你可能会觉得十分稀奇。因为纸软而不坚,既怕水又怕火,它怎么能成为建筑用材呢?

其实,早在1944年,美国造纸化工研究院就首次建成了一座纸板房屋,足足使用了8年才拆掉。1968年,英国伦敦又用纸建造了一座半球形展览厅。随着纸料处理技术的提高,荷兰农业研究所在1975年别出心裁地用纸建成了一幢折板形牛舍,屋顶跨度达13米,覆盖面积为1700平方米。1976年,英国威尔士的一幢三单元的纸建筑,不仅每平方米屋顶承受住了73公斤的雪压,而且还经受住了暴风雨的袭击。

那么,这些别具风采的纸建筑为什么能如此坚固而实用呢?其原因是,建房所用的纸料不同于一般的纸,其结构也有它的特别之处。

建筑纸板的主要弱点是不耐潮湿和易燃,因而,它的使用曾一度受到限制。后来,科学家提出了行之有效的解决方法,如对普通纸板附加玻璃纤维涂层、喷射混凝土。掺有抗燃剂的乙烯基或聚氨酯涂料敷面后,建筑纸板便完全克服了普通纸的弱点,不怕水和火了。美国于20世纪70年代发明了一种具有不易燃和耐潮湿等性能优越的建筑纸板,可以耐喷灯火焰达4分钟而不被烧穿。

现在,建筑纸板已被广为发展和利用,并出现了许多新品种。

防潮纸板。用焦油沥青浸渍普通纸板,再经过简单加工,就可制成不怕日晒雨淋的防潮纸板。

隔音纸板。用边角木料、稻草、甘蔗渣、麻丝等有机纤维压制而成,表面有许多孔隙,能吸音,可做房间的间壁板。

石膏纸板。在两层普通纸板中夹上石膏,就可制成石膏纸板。它可钻、可锯、可切、可钉、可刨,具有轻质、高强、防火、隔音、隔热等性能,可做建筑物的内墙、平顶等。

波纹纸板。先用树脂浸渍多层纸板,再轧成波浪形,然后进行高温、高压处理,并在表面喷上阻燃剂和涂料制成。具有耐热、耐磨、耐腐蚀及光亮平滑等特点,可做内墙和外墙。

蜂窝纸板。它是模仿蜂巢结构制成的建筑纸板,把普通纸张轧成有六角形孔眼的纸板,然后用树脂浸渍,表面用阻燃剂和涂料作保护层,就成了性能优良的轻质建材,可做建筑物内部的隔墙等。

不久前,英国科学家研究出一种"泡沫粘结混合化学制剂",使纸板建筑"更上一层楼"。

在建造这种纸板房时,先用一种价格低廉、质地坚固的茶褐色纸拼成房屋的框架,然后在上面喷涂"泡沫粘结混合化学制剂",形成厚2.5~3.0厘米的涂敷层。这样建成的房屋没有开孔洞,可以按照需要用小刀轻轻地割开门和窗,这是很容易办到的。在气候恶劣、潮湿、水分重的地方建造这样的房屋尤为合适,它隔热、成本低、建得快。

美国加利福尼亚州建造了一种农业季节住的纸板房。这种壳体结构是预先折叠成形的,然后在现场像手风琴一样拉开,人们称之为"手风琴式纸板住房"。这种房子宽敞明亮、轻巧方便,很受人们欢迎。

纸建筑具有用料省、自重轻、易装配、建造快、易拆迁、运输方便和造价低等优点。它在救灾、战地、施工、新辟市场、临时建筑、车库等用房中,发挥着得天独厚的作用。

建筑结构

从建筑学上来看,建筑的技术问题是多方面的,一般来说,它包括结构和施工、材料和设备等等。

这里仅向大家介绍几种常见的建筑结构。

现代建筑用得最多的结构技术,是钢结构和钢筋混凝土结构。钢结构适合盖一些超高层建筑。例如,现在世界上的一些百层以上的摩天大楼,用的全是钢结构。这种钢结构的优点是,安装方便、强度高和弹性好,碰上大风,高楼也只是轻微摇晃,不会受到破坏,更不会倒塌。住在楼房里面的人,虽然能够感觉到晃动,但是没有任何危险。

相对来说,钢筋混凝土结构的强度和弹性就不如钢结构,因此,不能用它建造特别高大的建筑。可是,钢筋混凝土结构也有它的优点,主要是它的可塑性好,容易成型。像巴黎的联合国教科文组织总部大楼、都灵展览馆、罗马体育馆以及悉尼歌剧院等世界著名的建筑,全是用的钢筋混凝土结构。

除了钢结构和钢筋混凝土结构以外,人们还创造了许多建筑结构,像薄壳结构、折板结构和悬索结构等等。

薄壳结构是建筑师们受鸡蛋壳的启发而设计出来的。从外观上看,壳体结构有的像圆球,有的像鹅卵,有的像半个皮球,有的像半个筒,有的像龟背。尽管它们的形状各不相同,但是它们都有一个共同的力学特征,那就是在外力作用下,壳体的内力是沿着整个表面扩散和分布的。

对于圆形或者卵形壳体来说，它能够把所受的外力均匀地向外扩散到壳体的各处，因此，壳体单位面积上所受的内力就小多了。如北京的火车站、天文馆和农业展览馆等建筑，都是用这种壳体结构做屋顶的。

折板结构是用水泥板做房盖，样子好像英文字母"V"。它是板架合一的轻型空间结构。我国从20世纪60年代末开始出现这种类型的建筑，最早是运用于建造车间、库房等工业建筑。三十多年来，经过广大技术人员的实践、探索，尤其是经过唐山大地震的考验表明，折板技术不但具有节省材料、施工方便、整体刚度大和重量轻等优点，还有很强的抗震性能，因此折板技术的使用在我国发展较快。例如，南京五台山体育场主席台的折板屋盖伸出去14米，比国外同类型构件还长2米。

悬索结构是上个世纪末出现的一种建筑结构。如北京工人体育馆大厅的屋顶，采用的就是悬索结构。这座建筑的屋顶直径是110米，很像一个平放着的自行车轮子，它由金属的中心环、钢筋混凝土外环和上下两层钢索组成。在这种结构中，真正做到了物尽其用。具体地说，是用抗拉强度好的钢丝来承受拉力；用抗压强度高的混凝土外环承受压力。

除了以上谈的建筑结构外，由于现代人各种物质和精神方面的需要，新的建筑结构形式还会应运而生。

建筑工业化

什么是建筑工业化呢?尽管目前各国的解释不尽相同,但有一个共同点,就是要把建筑业中分散落后的手工业生产方式,转变为先进的、有组织的、能成批生产的大工业生产方式;把建筑业的产品——建筑物,当作综合组装的工业产品来对待。

目前,建筑工业化的主要对象,是量大面广的民用建筑(如住宅、学校、医院等)和一般工业建筑。这类建筑的数量约占全部建筑总量的70%~80%,因此,这类建筑比较容易实现工业化生产。

从建造方法来看,大致采用两种途径:一种是预制装配化;另一种是现场浇灌机械化。这两种方法的目的都是使房屋由现场分散的施工转入工厂进行集中生产,或者建立一套现场施工机械化的方法。这些方法包括建筑设计标准化、构配件生产(包括材料加工)工厂化、施工机械化、发展建材生产和实现组织管理科学化等方面的基本内容。

产品标准化是建筑工业化的前提。应当尽量减少构、配件的种类,发展灵活的通用构件,使一种构件具有多种用途,并使水、暖、电等配套工程也纳入标准化。

产品标准化最先在美国出现,它只用一种"T"字形的构件,就可以灵活拼装成工厂、学校、办公楼和仓库等多种建筑。它既可当作屋面、楼板竖起来,又可做墙面,长短不受限制,可以根据需要任意切割。

由于构件品种减少,施工安装简便,预制加工厂的生产效率可以成倍提高。如加拿大的一个预制厂，只生产一种构件，每人每年可生产2000立方米。

可能你会担心，建筑定型化以后，房子会不会千篇一律而不美观呢?这种担心是不必要的。因为建筑定型化以后也还有一定的灵活性，可以通过建筑群的不同组合、使用不同色彩等，达到统一中有变化，既整齐又美观。

施工机械化是建筑工业化的核心。它包括：发展制造力量，注意生产适合于本国条件的施工机械；重视机械配套，既发展大功率、大容量的大型机械，也注意发展轻便灵巧、一机多能的小型机械；既提高主体工程施工机械化程度，也不忽视提高装修等配套工程的机械化。预计今后，建筑机械将进一步推广液压操纵、电子遥控、激光等新技术的应用，并扩大无人操作的自动化机械和直升机施工的使用范围。

建筑材料是建筑业的物质基础。没有足够的建材，就不能建造更多的房屋，而材料的品种、质量又对建造方法产生影响，所以世界各国都十分注重建材的生产和改革。建筑材料正向着轻质、高强、多功能方向发展，并利用工业废料生产建材，以变废为宝，降低成本，改善环境。

组织管理科学化是建筑业大工业生产的必需。工业化生产专业分工细，要求紧密配合和协作。美、日等国在建筑施工组织管理中，广泛应用电子计算机，建立自动化管理系统，成为提高经济效益的重要措施。

按照不同的地区和建筑对象，针对结构、材料、施工方法的特点，有机地综合建筑工业化的上述内容，就形成了各类建筑体系，它是建筑工业化发展的重要标志。

建筑工业化的实现，改变了建筑业的落后面貌。在那些实现了建筑工业化的国家，每年可建几亿平方米的建筑物。例如法国一家建筑公司，采用建筑工业化体系建造一幢40户的5层楼住宅，不包括基础工程，9天即告完工。近些年来，我国的建筑工业化体系的试点工作也已经取得了可喜的成果，并将得到逐步推广。

有声建筑

　　建筑,作为高超的工程造型艺术,它与音乐有着不解之缘。这不仅是由于两者之间,具备内在的视觉或听觉上的和谐、流畅等美感因素,而且一些巧夺天工的建筑,其自身也能发出优美动听的音乐来。

　　我国古代建筑艺术就很讲究音响效果。例如,同音阶上升一样层层高耸的佛塔,按一定节奏结束的刹顶,并在各层的飞檐翼角悬有铃铎,轻风吹拂,丁当作响,像琴音,似歌鸣,构成了妙音可闻、遐思入神的意境。又如,园林建筑中的流水潺潺、清泉叮咚、竹林萧萧、雨点刷刷……都是借助自然音响,增添其生气与活力,犹如注入生命和情感,达到情景交融的艺术境界。

　　古代匠师的精巧设计,还能使建筑物发出回声,产生奇鸣效应。例如,闻名于世的北京天坛回音壁,是围绕皇宇正殿配庑的环形圆墙,由于内侧墙面平整光洁,声音可沿内弧折射传递,因而呼壁即闻回声,妙趣横生;印度的玛杜拉伊寺庙大殿,石柱林立,游人如织。原来,这些高低错落、粗细不一的石柱都是"凝固的音乐",当人们按序敲击石柱时,便会发出乐声,奏出佳曲。

　　现代科技的发展,为有声建筑注入了新的生机,五光十色的音乐建筑在一些国家悄然兴起,为人们的生活增添了乐趣。

　　1984年3月,法国马赛市建成了一堵神奇的绿色音乐墙。人们经过它面前时,随着行人的脚步节奏,会发出一阵阵悠扬的乐曲。音乐墙是借助电脑的功能而发出乐声的。在电脑的储存器内,储存着各种音符、乐句,组成了一个作曲系统。行人经过音乐墙时,改变了光电管的进光强度,经过电脑的程序处理,就变成了一组根据行人动作而配制的音乐。

1986年,巴黎的一座公园里也建成了一座音乐亭。亭内的地板好像国际象棋的棋盘——由一个个方格组成,每个方格都有标志,表明它能发出某个音阶,亭子顶部装有扬声器。如果游人脚踏不同的方格,喇叭里就会发出不同的乐曲来。

在印度新德里的一座七层大厦内,设置了奇妙的音乐楼梯。建筑师选用共鸣性好、经敲打能发出乐声的花岗石板做楼梯,每段楼梯有固定音阶及音调,人们下楼梯踩踏台阶时就会叮咚作响,乐声飞扬。

此外,还有日本爱知县丰田市建造的精彩别致的音乐石桥;美国芝加哥石油公司总部摩天大楼前的音乐雕塑;芬兰赫尔辛基为纪念伟大作曲家西贝柳斯而建筑的音乐纪念碑等等。这些有声建筑都独具一格,引人入胜,奇妙无穷。

玻璃幕墙建筑

你见过外墙全都用玻璃建造的大楼吗?那些外表由无数块晶莹明亮的玻璃所覆盖的大楼,一眼望去,好像水晶宫殿一样。人们把它叫做玻璃大楼,建筑师称之为"玻璃幕墙建筑"。近年来,在我国许多大城市中这类高大的建筑物逐渐多了起来。

为什么叫幕墙呢?这是因为玻璃墙像帘幕那样悬挂或镶贴在建筑物的表面上,起着护围作用,因此而得名。整个建筑物装上玻璃幕墙,前后左右各个立面就像一面面拔地而起的巨大镜子,光亮照人。从室外往里看不透,像看镜子一样只能看见反射的外部景色,展现出一幅幅连续的、流动的绚丽画卷。远处的青山绿水、高处的蓝天白云、近处的车水马龙和熙熙攘攘的人群,都分别从不同的角度映照在镜面上。随着一年四季、日月星辰的变化,镜面上的"图画"亦不停地变幻着,建筑物仿佛"溶化"在自然景色之中。

然而,当你走进玻璃幕墙大楼里面的时候,却是另外一番景象。那种以往的、习以为常的一堵堵墙壁霎时从视野中消失了,身居楼中,环顾外部景色,一览无余,无比广阔的空间尽收眼底,真是壮观极了。

为什么玻璃幕墙有以上奇特的功能呢?原来,玻璃幕墙的表面有一层很薄的金属膜,这层膜从外面看具有镜子的特点,照出了外部景致,而从里面看则与窗玻璃一样透明。因此,它既是一种高效能的墙体,又可看做是超级落地窗户。

双层玻璃幕墙的中间,还有一层6~12毫米厚的密封空气层,具有良好的保温隔热作用。因此,住在玻璃幕墙的大楼里,冬暖夏凉,十分舒适宜人。

大楼里面间隔房间采用的是像"松糕"一样的泡沫玻璃。它质轻、可钉可锯、五颜六色,使房间更加雅致大方。如果办公楼的天花板也用玻璃镶成,那么,从楼上往下看,下面房间里的一切便可一目了然。这种玻璃天花板加入了可以导电的金属氧化物,利用"场致发光"原理,电流通过时能发出和普通日光灯相似的柔和光线。所以它既是天花板,又是"日光灯"。当夜幕低垂、华灯齐明时,整个玻璃大楼宛如一座水晶宫殿,为城市的夜景增添了光彩。

玻璃幕墙建筑除了新奇和美观以外,它还具有重量轻、设计施工简便、生产效率高、节省材料和施工工期短等优点。

由于玻璃幕墙建筑改变了建筑物雷同化的结构造型,令人耳目一新,因此,它一问世便引起较大轰动。20世纪70年代以来,已成为颇负盛名的建筑流派。从此,在世界各地一座座玻璃幕墙旅馆、饭店、商场以及办公大楼相继出现。我国较早建成的玻璃幕墙大楼有北京的长城饭店、广州白天鹅宾馆的镜面玻璃餐厅、上海的联谊大厦等。深圳的国际贸易中心大厦,主楼有48层、160米高,是目前我国最高的玻璃幕墙建筑物。

随着我国工业和经济的发展,今后玻璃幕墙建筑将会逐渐多起来,成为城市建筑百花园里一朵绚丽的鲜花。当一座座高大的玻璃幕墙建筑在你身边拔地而起的时候,你一定会为这人类智慧与大自然美景相结合的"艺术之花"而发出赞叹。